石油企业岗位练兵手册

电厂化学水处理值班员

大庆油田有限责任公司　编

石 油 工 业 出 版 社

内 容 提 要

本书采用问答形式，对电厂化学水处理值班员应掌握的知识和技能进行了详细介绍。主要内容可分为基本素养、基础知识、基本技能三部分。基本素养包括企业文化、发展纲要和职业道德等内容，基础知识包括与工种岗位密切相关的专业知识和 HSE 知识等内容，基本技能包括操作技能、风险点源识别和常见故障判断处理等内容。本书适合电厂化学水处理值班员阅读使用。

图书在版编目（CIP）数据

电厂化学水处理值班员 / 大庆油田有限责任公司编 . —北京：石油工业出版社，2023.9

（石油企业岗位练兵手册）

ISBN 978-7-5183-6287-5

Ⅰ.①电… Ⅱ.①大… Ⅲ.①火电厂－电厂化学－水处理－技术手册 Ⅳ.① TM621.8-62

中国国家版本馆 CIP 数据核字（2023）第 169300 号

出版发行：石油工业出版社
　　　　　（北京市朝阳区安华里 2 区 1 号楼　100011）
　　　　　网　址：www.petropub.com
　　　　　编辑部：（010）64251613
　　　　　图书营销中心：（010）64523633
经　　销：全国新华书店
印　　刷：北京中石油彩色印刷有限责任公司

2023 年 9 月第 1 版　2023 年 9 月第 1 次印刷
880×1230 毫米　开本：1/32　印张：9.5
字数：228 千字
定价：50.00 元

（如出现印装质量问题，我社图书营销中心负责调换）

前言

　　岗位练兵是大庆油田的优良传统,是强化基本功训练、提升员工素质的重要手段。新时期、新形势下,按照全面加强"三基"工作的有关要求,为进一步强化和规范经常性岗位练兵活动,切实提高基层员工队伍的基本素质,按照"实际、实用、实效"的原则,大庆油田有限责任公司人事部组织编写、修订了基层员工《石油企业岗位练兵手册》丛书。围绕提升政治素养和业务技能的要求,本套丛书架构分为基本素养、基础知识、基本技能三部分,基本素养包括企业文化(大庆精神铁人精神、优良传统)、发展纲要和职业道德等内容;基础知识包括与工种岗位密切相关的专业知识和HSE知识等内容;基本技能包括操作技能和常见故障判断处理等内容。本套丛书的编写,严格依据最新行业规范和技术标准,同时充分结合目前专业知识更新、生产设备调整、操作工艺优化等实际情况,具有突出的实用性和规范性的特点,既能作为基层开展岗位练兵、提高业务技能的实用教材，也可以作为员工岗位自学、单位开展技能竞赛的参考资料。

希望各单位积极应用，充分发挥本套丛书的基础性作用，持续、深入地抓好基层全员培训工作，不断提升员工队伍整体素质，为实现公司科学发展提供人力资源保障。同时，希望各单位结合本套丛书的应用实践，对丛书的修改完善提出宝贵意见，以便更好地规范和丰富丛书内容，为基层扎实有效地开展岗位练兵活动提供有力支撑。

大庆油田有限责任公司人事部
2023 年 4 月 28 日

目录

第一部分　基本素养

第二部分　基础知识

一、专业知识 ································· 018

第三部分　基本技能

二、风险点源识别 ………………………………… 185

第一部分
基本素养

 企业文化

（一）名词解释

1.**石油精神**：石油精神以大庆精神铁人精神为主体，是对石油战线企业精神及优良传统的高度概括和凝练升华，是我国石油队伍精神风貌的集中体现，是历代石油人对人类精神文明的杰出贡献，是石油石化企业的政治优势和文化软实力。其核心是"苦干实干""三老四严"。

2.**大庆精神**：为国争光、为民族争气的爱国主义精神；独立自主、自力更生的艰苦创业精神；讲究科学、"三老四严"的求实精神；胸怀全局、为国分忧的奉献精神，凝练为"爱国、创业、求实、奉献"8个字。

3.**铁人精神**："为国分忧、为民族争气"的爱国主义精神；"宁肯少活二十年，拼命也要拿下大油田"的忘我拼搏精神；"有条件要上，没有条件创造条件也要上"的艰苦奋斗精神；"干工作要经得起子孙万代检查""为革命练一身硬功夫、真本事"的科学求实精神;"甘愿为党和人民当一辈子老黄牛"、埋头苦干的无私奉献精神。

4. **三超精神**:超越权威,超越前人,超越自我。

5. **艰苦创业的六个传家宝**:人拉肩扛精神,干打垒精神,五把铁锹闹革命精神,缝补厂精神,回收队精神,修旧利废精神。

6. **三要十不**:"三要":一要甩掉石油工业的落后帽子;二要高速度、高水平拿下大油田;三要在会战中夺冠军,争取集体荣誉。"十不":第一,不讲条件,就是说有条件要上,没有条件创造条件上;第二,不讲时间,特别是工作紧张时,大家都不分白天黑夜地干;第三,不讲报酬,干啥都是为了革命,为了石油,而不光是为了个人的物质报酬而劳动;第四,不分级别,有工作大家一起干;第五,不讲职务高低,不管是局长、队长,都一起来;第六,不分你我,互相支援;第七,不分南北东西,就是不分玉门来的、四川来的、新疆来的,为了大会战,一个目标,大家一起上;第八,不管有无命令,只要是该干的活就抢着干;第九,不分部门,大家同心协力;第十,不分男女老少,能干什么就干什么、什么需要就干什么。这"三要十不",激励了几万职工团结战斗、同心协力、艰苦创业,一心为会战的思想和行动,没有高度觉悟是做不到的。

7. **三老四严**:对待革命事业,要当老实人,说老实话,办老实事;对待工作,要有严格的要求,严密的组织,严肃的态度,严明的纪律。

8. **四个一样**:对待革命工作要做到,黑天和白天一个样,坏天气和好天气一个样,领导不在场和领导在场一个样，没有人检查和有人检查一个样。

9. 思想政治工作"两手抓"：抓生产从思想入手，抓思想从生产出发。这是大庆人正确处理思想政治工作与经济工作关系的基本原则，也是大庆人思想政治工作的一条基本经验。

10. 岗位责任制管理：大庆油田岗位责任制，是大庆石油会战时期从实践中总结出来的一整套行之有效的基础管理方法，也是大庆油田特色管理的核心内容。其实质就是把全部生产任务和管理工作落实到各个岗位上，给企业每个岗位人员都规定出具体的任务、责任，做到事事有人管，人人有专责，办事有标准，工作有检查。它包括工人岗位责任制、基层干部岗位责任制、领导干部和机关干部岗位责任制。工人岗位责任制一般包括岗位专责制、交接班制、巡回检查制、设备维修保养制、质量负责制、岗位练兵制、安全生产制、班组经济核算制等 8 项制度；基层干部岗位责任制包括岗位专责制、工作检查制、生产分析制、经济活动分析制、顶岗劳动制、学习制度等 6 项制度；领导干部和机关干部岗位责任制包括岗位专责制、现场办公制、参加劳动制、向工人学习日制、工作总结制、学习制度等 6 项制度。

11. 三基工作：以党支部建设为核心的基层建设，以岗位责任制为中心的基础工作，以岗位练兵为主要内容的基本功训练。

12. 四懂三会：这是在大庆石油会战时期提出的对各行各业技术工人必备的基本知识、基本技能的基本要求，也是"应知应会"的基本内容。四懂即懂设备结构、懂设备原理、懂设备性能、懂工艺流程。三会即会操作、会维修保养、会排除故障。

13. **五条要求**：人人出手过得硬，事事做到规格化，项项工程质量全优，台台在用设备完好，处处注意勤俭节约。

14. **会战时期"五面红旗"**：王进喜、马德仁、段兴枝、薛国邦、朱洪昌。

15. **新时期铁人**：王启民。

16. **大庆新铁人**：李新民。

17. **新时代履行岗位责任、弘扬严实作风"四条要求"**：要人人体现严和实，事事体现严和实，时时体现严和实，处处体现严和实。

18. **新时代履行岗位责任、弘扬严实作风"五项措施"**：开展一场学习，组织一次查摆，剖析一批案例，建立一项制度，完善一项机制。

（二）问答

1. 简述大庆油田名称的由来。

1959年9月26日，新中国成立十周年大庆前夕，位于黑龙江省原肇州县大同镇附近的松基三井喷出了具有工业价值的油流，为了纪念这个大喜大庆的日子，当时黑龙江省委第一书记欧阳钦同志建议将该油田定名为大庆油田。

2. 中共中央何时批准大庆石油会战？

1960年2月13日，石油工业部以党组的名义向中共中央、国务院提出了《关于东北松辽地区石油勘探情况和今后部署问题的报告》。1960年2月20日中共中央正式批准大庆石油会战。

3.什么是"两论"起家？

1960年4月10日，大庆石油会战一开始，会战领导小组就以石油工业部机关党委的名义作出了《关于学习毛泽东同志所著〈实践论〉和〈矛盾论〉的决定》，号召广大会战职工学习毛泽东同志的《实践论》《矛盾论》和毛泽东同志的其他著作，以马列主义、毛泽东思想指导石油大会战，用辩证唯物主义的立场、观点、方法，认识油田规律，分析和解决会战中遇到的各种问题。广大职工说，我们的会战是靠"两论"起家的。

4.什么是"两分法"前进？

即在任何时候，对任何事情，都要用"两分法"，形势好的时候要看到不足，保持清醒的头脑，增强忧患意识，形势严峻的时候更要一分为二，看到希望，增强发展的信心。

5.简述会战时期"五面红旗"及其具体事迹。

"五面红旗"喻指大庆石油会战初期涌现的五位先进榜样：王进喜、马德仁、段兴枝、薛国邦、朱洪昌。钻井队长王进喜带领队伍人拉肩扛抬钻机，端水打井保开钻，在发生井喷的危急时刻，奋不顾身跳下泥浆池，用身体搅拌泥浆制服井喷。钻井队长马德仁在泥浆泵上水管线冻结时，不畏严寒，破冰下泥浆池，疏通上水管线。钻井队长段兴枝在吊车和拖拉机不足的情况下，利用钻机本身的动力设施，解决了钻机搬家的困难。大庆油田第一个采油队队长薛国邦自制绞车，给第一批油井清蜡，又手持蒸汽管下到油池里化开凝结的原油，保证了大庆油田首次原油外运列车顺利启程。工程队队长朱洪昌在供水管线漏水时，用手捂着漏点，忍着灼烧的疼痛，让焊工焊接裂缝，保证了供水工程提前竣工。

6. 大庆油田投产的第一口油井和试注成功的第一口水井各是什么？

1960年5月16日，大庆油田第一口油井中7-11井投产；1960年10月18日，大庆油田第一口注水井7排11井试注成功。

7. 大庆石油会战时期讲的"三股气"是指什么？

对一个国家来讲，就要有民气；对一个队伍来讲，就要有士气；对一个人来讲，就要有志气。三股气结合起来，就会形成强大的力量。

8. 什么是"九热一冷"工作法？

大庆石油会战中创造的一种领导工作方法。是指在1旬中，有9天"热"，1天"冷"。每逢十日，领导干部再忙，也要坐在一起开务虚会，学习上级指示，分析形势，总结经验，从而把感性认识提高到理性认识上来，使领导作风和领导水平得到不断改进和提高。

9. 什么是"三一""四到""五报"交接班法？

对重要的生产部位要一点一点地交接、对主要的生产数据要一个一个地交接、对主要的生产工具要一件一件地交接。交接班时应该看到的要看到、应该听到的要听到、应该摸到的要摸到、应该闻到的要闻到。交接班时报检查部位、报部件名称、报生产状况、报存在的问题、报采取的措施，开好交接班会议，会议记录必须规范完整。

10. 大庆油田原油年产5000万吨以上持续稳产的时间是哪年？

1976年至2002年，大庆油田实现原油年产5000万吨以上连续 27 年高产稳产，创造了世界同类油田开发史上的奇迹。

11. 大庆油田原油年产 4000 万吨以上持续稳产的时间是哪年？

2003 年至 2014 年，大庆油田实现原油年产 4000 万吨以上连续 12 年持续稳产，继续书写了"我为祖国献石油"新篇章。

12. 中国石油天然气集团有限公司企业精神是什么？

石油精神和大庆精神铁人精神。

13. 中国石油天然气集团有限公司的主营业务是什么？

中国石油天然气集团有限公司是国有重要骨干企业和全球主要的油气生产商和供应商之一，是集国内外油气勘探开发和新能源、炼化销售和新材料、支持和服务、资本和金融等业务于一体的综合性国际能源公司，在全球 32 个国家和地区开展油气投资业务。

14. 中国石油天然气集团有限公司的企业愿景和价值追求分别是什么？

企业愿景：建设基业长青世界一流综合性国际能源公司；

企业价值追求：绿色发展、奉献能源，为客户成长增动力、为人民幸福赋新能。

15. 中国石油天然气集团有限公司的人才发展理念是什么？

生才有道、聚才有力、理才有方、用才有效。

16. 中国石油天然气集团有限公司的质量安全环保理念是什么？

以人为本、质量至上、安全第一、环保优先。

17. 中国石油天然气集团有限公司的依法合规理念是什么？

法律至上、合规为先、诚实守信、依法维权。

 发展纲要

（一）名词解释

1. **三个构建**：一是构建与时俱进的开放系统；二是构建产业成长的生态系统；三是构建崇尚奋斗的内生系统。

2. **一个加快**：加快推动新时代大庆能源革命。

3. **抓好"三件大事"**：抓好高质量原油稳产这个发展全局之要；抓好弘扬严实作风这个标准价值之基；抓好发展接续力量这个事关长远之计。

4. **谱写"四个新篇"**：奋力谱写"发展新篇"；奋力谱写"改革新篇"；奋力谱写"科技新篇"；奋力谱写"党建新篇"。

5. **统筹"五大业务"**：大力发展油气业务；协同发展服务业务；加快发展新能源业务；积极发展"走出去"业务；特色发展新产业新业态。

6. **"十四五"发展目标**：实现"五个开新局"，即稳油增气开新局；绿色发展开新局；效益提升开新局；幸福生活开新局；企业党建开新局。

7. **高质量发展重要保障**：思想理论保障；人才支持保障；基础环境保障；队伍建设保障；企地协作保障。

（二）问答

1. 习近平总书记致大庆油田发现 60 周年贺信的内容是什么？

值此大庆油田发现 60 周年之际，我代表党中央，向大庆油田广大干部职工、离退休老同志及家属表示热烈的祝贺，并致以诚挚的慰问！

60 年前，党中央作出石油勘探战略东移的重大决策，广大石油、地质工作者历尽艰辛发现大庆油田，翻开了中国石油开发史上具有历史转折意义的一页。60 年来，几代大庆人艰苦创业、接力奋斗，在亘古荒原上建成我国最大的石油生产基地。大庆油田的卓越贡献已经镌刻在伟大祖国的历史丰碑上，大庆精神、铁人精神已经成为中华民族伟大精神的重要组成部分。

站在新的历史起点上，希望大庆油田全体干部职工不忘初心、牢记使命，大力弘扬大庆精神、铁人精神，不断改革创新，推动高质量发展，肩负起当好标杆旗帜、建设百年油田的重大责任，为实现"两个一百年"奋斗目标、实现中华民族伟大复兴的中国梦作出新的更大贡献！

2. 当好标杆旗帜、建设百年油田的含义是什么？

当好标杆旗帜——树立了前行标尺，是我们一切工作的根本遵循。大庆油田要当好能源安全保障的标杆、国企深化改革的标杆、科技自立自强的标杆、赓续精神血脉的标杆。

建设百年油田——指明了前行方向，是我们未来发展的奋斗目标。百年油田，首先是时间的概念，追求能源主业的升级发展，建设一个基业长青的百年油田；百年油田，也是空间的拓展，追求发展舞台的开辟延伸，建设一个走向世界的百年油田；百年油田，更是精神的赓续，追求红色基因的传承弘扬，建设一个旗帜高扬的百年油田。

3. 大庆油田 60 多年的开发建设取得的辉煌历史有哪些？

大庆油田 60 多年的开发建设，为振兴发展奠定了坚实基础。建成了我国最大的石油生产基地；孕育形成了大庆精神铁人精神；创造了世界领先的陆相油田开发技术；打造了过硬的"铁人式"职工队伍；促进了区域经济社会的繁荣发展。

4. 开启建设百年油田新征程两个阶段的总体规划是什么？

第一阶段，从现在起到 2035 年，实现转型升级、高质量发展；第二阶段，从 2035 年到本世纪中叶，实现基业长青、百年发展。

5. 大庆油田"十四五"发展总体思路是什么？

坚持以习近平新时代中国特色社会主义思想为指导，深入贯彻落实党的二十大精神，牢记践行习近平总书记重要讲话重要指示批示精神特别是"9·26"贺信精神，完整、准确、全面贯彻新发展理念，服务和融入新发展格局，立足增强能源供应链稳定性和安全性，贯彻落实国家"十四五"现代能源体系规划，认真落实中国石油天然气集团有限公司党组和黑龙江省委省政府部署要求，全面加强党的领导党的建设，坚持稳中求进工作总基调，突出高质量发展主题，遵循"四个坚持"兴企方略和"四化"治企准则，推进实施以抓好"三件大事"为总纲、以谱写"四个新篇"为实践、以统筹"五大业务"为发展支撑的总体战略布局，全面提升企业的创新力、竞争力和可持续发展能力，当好标杆旗帜、建设百年油田，开创油田高质量发展新局面。

6. 大庆油田"十四五"发展基本原则是什么？

坚持"九个牢牢把握"，即牢牢把握"当好标杆旗帜"这个根本遵循；牢牢把握"市场化道路"这个基本方向；牢牢把握"低成本发展"这个核心能力；牢牢把握"绿色低碳转型"这个发展趋势；牢牢把握"科技自立自强"这个战略支撑；牢牢把握"人才强企工程"这个重大举措；牢牢把握"依法合规治企"这个内在要求；牢牢把握"加强作风建设"这个立身之本；牢牢把握"全面从严治党"这个政治引领。

7. 中国共产党第二十次全国代表大会会议主题是什么？

高举中国特色社会主义伟大旗帜，全面贯彻新时代中国特色社会主义思想，弘扬伟大建党精神，自信自强、守正创新，踔厉奋发、勇毅前行，为全面建设社会主义现代化国家、全面推进中华民族伟大复兴而团结奋斗。

8. 在中国共产党第二十次全国代表大会上的报告中，中国共产党的中心任务是什么？

从现在起，中国共产党的中心任务就是团结带领全国各族人民全面建成社会主义现代化强国、实现第二个百年奋斗目标，以中国式现代化全面推进中华民族伟大复兴。

9. 在中国共产党第二十次全国代表大会上的报告中，中国式现代化的含义是什么？

中国式现代化，是中国共产党领导的社会主义现代化，既有各国现代化的共同特征，更有基于自己国情的中国特色。中国式现代化是人口规模巨大的现代化；中国式现代化是全体人民共同富裕的现代化；中国式现代化是物质文明和精神文明相协调的现代化；中国式现代化是人与自然和谐共生的现代化；中国式现代化是走和平发展道路的现代化。

10. 在中国共产党第二十次全国代表大会上的报告中，两步走是什么？

全面建成社会主义现代化强国，总的战略安排是分两步走：从二〇二〇年到二〇三五年基本实现社会主义现代化；从二〇三五年到本世纪中叶把我国建成富强民主文明和谐美丽的社会主义现代化强国。

11. 在中国共产党第二十次全国代表大会上的报告中，"三个务必"是什么？

全党同志务必不忘初心、牢记使命，务必谦虚谨慎、艰苦奋斗，务必敢于斗争、善于斗争，坚定历史自信，增强历史主动，谱写新时代中国特色社会主义更加绚丽的华章。

12. 在中国共产党第二十次全国代表大会上的报告中，牢牢把握的"五个重大原则"是什么？

坚持和加强党的全面领导；坚持中国特色社会主义道路；坚持以人民为中心的发展思想；坚持深化改革开放；坚持发扬斗争精神。

13. 在中国共产党第二十次全国代表大会上的报告中，十年来，对党和人民事业具有重大现实意义和深远意义的三件大事是什么？

一是迎来中国共产党成立一百周年，二是中国特色社会主义进入新时代，三是完成脱贫攻坚、全面建成小康社会的历史任务，实现第一个百年奋斗目标。

14. 在中国共产党第二十次全国代表大会上的报告中，坚持"五个必由之路"的内容是什么？

全党必须牢记，坚持党的全面领导是坚持和发展中国特色社会主义的必由之路，中国特色社会主义是实现中华民族伟大复兴的必由之路，团结奋斗是中国人民创造历史伟业的必由之路，贯彻新发展理念是新时代我国发展壮大的必由之路，全面从严治党是党永葆生机活力、走好新的赶考之路的必由之路。

 ## 三、职业道德

（一）名词解释

1. **道德**：是调节个人与自我、他人、社会和自然界之间关系的行为规范的总和。

2. **职业道德**：是同人们的职业活动紧密联系的、符合职业特点所要求的道德准则、道德情操与道德品质的总和。

3. **爱岗敬业**：爱岗就是热爱自己的工作岗位，热爱自己从事的职业；敬业就是以恭敬、严肃、负责的态度对待工作，一丝不苟，兢兢业业，专心致志。

4. **诚实守信**：诚实就是真心诚意，实事求是，不虚假，不欺诈；守信就是遵守承诺，讲究信用，注重质量和信誉。

5. **劳动纪律**：是用人单位为形成和维持生产经营秩序，保证劳动合同得以履行，要求全体员工在集体劳动、工作、生活过程中，以及与劳动、工作紧密相关的其他过程中必须共同遵守的规则。

6. **团结互助**：指在人与人之间的关系中，为了实现共同的利益和目标，互相帮助，互相支持，团结协作，共同发展。

（二）问答

1.社会主义精神文明建设的根本任务是什么？

适应社会主义现代化建设的需要，培育有理想、有道德、有文化、有纪律的社会主义公民，提高整个中华民族的思想道德素质和科学文化素质。

2.我国社会主义道德建设的基本要求是什么？

爱祖国、爱人民、爱劳动、爱科学、爱社会主义。

3.为什么要遵守职业道德？

职业道德是社会道德体系的重要组成部分，它一方面具有社会道德的一般作用，另一方面它又具有自身的特殊作用，具体表现在：（1）调节职业交往中从业人员内部以及从业人员与服务对象间的关系。（2）有助于维护和提高本行业的信誉。（3）促进本行业的发展。（4）有助于提高全社会的道德水平。

4.爱岗敬业的基本要求是什么？

（1）要乐业。乐业就是从内心里热爱并热心于自己所从事的职业和岗位，把干好工作当作最快乐的事，做到其乐融融。（2）要勤业。勤业是指忠于职守，认真负责，刻苦勤奋，不懈努力。（3）要精业。精业是指对本职工作业务纯熟，精益求精，力求使自己的技能不断提高，使自己的工作成果尽善尽美，不断地有所进步、有所发明、有所创造。

5.诚实守信的基本要求是什么？

（1）要诚信无欺。（2）要讲究质量。（3）要信守合同。

6. 职业纪律的重要性是什么？

职业纪律影响企业的形象，关系企业的成败。遵守职业纪律是企业选择员工的重要标准，关系到员工个人事业成功与发展。

7. 合作的重要性是什么？

合作是企业生产经营顺利实施的内在要求，是从业人员汲取智慧和力量的重要手段，是打造优秀团队的有效途径。

8. 奉献的重要性是什么？

奉献是企业发展的保障，是从业人员履行职业责任的必由之路，有助于创造良好的工作环境，是从业人员实现职业理想的途径。

9. 奉献的基本要求是什么？

（1）尽职尽责。要明确岗位职责，培养职责情感，全力以赴工作。（2）尊重集体。以企业利益为重，正确对待个人利益，树立职业理想。（3）为人民服务。树立为人民服务的意识，培育为人民服务的荣誉感，提高为人民服务的本领。

10. 企业员工应具备的职业素养是什么？

诚实守信、爱岗敬业、团结互助、文明礼貌、办事公道、勤劳节俭、开拓创新。

11. 培养"四有"职工队伍的主要内容是什么？

有理想、有道德、有文化、有纪律。

12. 如何做到团结互助？

（1）具备强烈的归属感。（2）参与和分享。（3）平等尊重。（4）信任。（5）协同合作。（6）顾全大局。

13. 职业道德行为养成的途径和方法是什么？

（1）在日常生活中培养。从小事做起，严格遵守行为规范；从自我做起，自觉养成良好习惯。（2）在专业学习中训练。增强职业意识，遵守职业规范；重视技能训练，提高职业素养。（3）在社会实践中体验。参加社会实践，培养职业道德；学做结合，知行统一。（4）在自我修养中提高。体验生活，经常进行"内省"；学习榜样，努力做到"慎独"。（5）在职业活动中强化。将职业道德知识内化为信念；将职业道德信念外化为行为。

14. 员工违规行为处理工作应当坚持的原则是什么？

（1）依法依规、违规必究；（2）业务主导、分级负责；（3）实事求是、客观公正；（4）惩教结合、强化预防。

15. 对员工的奖励包括哪几种？

奖励种类包括通报表彰、记功、记大功、授予荣誉称号、成果性奖励等。在给予上述奖励时，可以是一定的物质奖励。物质奖励可以给予一次性现金奖励（奖金）或实物奖励，也可根据需要安排一定时间的带薪休假。

16. 员工违规行为处理的方式包括哪几种？

员工违规行为处理方式分为：警示诫勉、组织处理、处分、经济处罚、禁入限制。

17.《中国石油天然气集团公司反违章禁令》有哪些规定？

为进一步规范员工安全行为，防止和杜绝"三违"现象，保障员工生命安全和企业生产经营的顺利进行，特制定本禁令。

一、严禁特种作业无有效操作证人员上岗操作；

二、严禁违反操作规程操作；

三、严禁无票证从事危险作业；

四、严禁脱岗、睡岗和酒后上岗；

五、严禁违反规定运输民爆物品、放射源和危险化学品；

六、严禁违章指挥、强令他人违章作业。

员工违反上述禁令，给予行政处分；造成事故的，解除劳动合同。

第二部分
基础知识

 专业知识

（一）名词解释

1. **误差**：分析测量结果与真实值相接近的程度。

2. **酸碱指示剂**：在酸碱滴定中，需要加入一种物质，根据它的颜色改变来指示反应的等量点，这种物质叫作酸碱指示剂。

3. **滴定终点**：在滴定的过程中指示剂的变色点。

4. **水的碱度**：单位体积水中含有能接受 H^+ 的各种物质的量。

5. **水的酸度**：单位体积水中含有能接受 OH^- 的各种物质的量。

6. **水的硬度**：通常指水中钙、镁离子的总浓度。硬度可分为碳酸盐硬度和非碳酸盐硬度。单位为 mmol/L 或 μmol/L。

7. **缓冲溶液**：具有调节、控制溶液酸碱度能力的溶液。

8. **标准溶液**：在分析化学中，滴定或比色所用的已经准确知道其浓度的溶液。

9. **水的溶解固形物**：水经过过滤、蒸干，最后在 $105 \sim 110℃$ 温度下干燥后的残留物质。

10. **氧化—还原反应**：在反应过程中，反应物中的原子或离子发生了氧化数的变化或发生了电子转移的反应，称为氧化—还原反应。

11. **沉淀软化**：加入化学药剂，使水中含有的硬度和碱度物质转变为难溶于水的化合物，形成沉淀而除去。常常用在预处理系统或循环水处理系统中，降低水中的碱度和硬度，常用的方法是石灰法。

12. **流量**：单位时间内流体流过某一断面的量。

13. **水的预处理**：水进入离子交换装置或膜法脱盐装置前的处理过程，包括凝聚、澄清、过滤、杀菌等处理技术。只有做好水的预处理才能确保后面水处理装置的正常运行。

14. **水的除盐**：消除水中各种阴、阳离子，即除去水中的各种电解质。

15. **一级除盐处理**：水经过阳床时，水中的阳离子，如钙、镁、钾、钠等，被树脂吸附，而树脂上可以交换的 H^+ 被置换到水中，并且和水中的阴离子生成相应的无机酸。当含有无机酸的水通过阴床时，水中的阴离子被树脂吸附，而树脂上的可交换离子 OH^- 被置换到水中，并和水中的 H^+ 结合成为 H_2O。经过阴床、阳床处理的水，水中的盐分被除去，这称之为一级除盐处理。

16. **反渗透**：又称逆渗透（Reverse osmosis，RO），一种以压力差为推动力，使溶液中的水和某些组分选择性透过，其他物质不能透过而被截留在膜表面的过程。

17. **反渗透膜**：用特定的高分子材料制成的，具有选择性半透性能的薄膜。它能够在外加压力作用下，使水溶液中的水和某些组分选择性透过，从而达到纯化或浓缩、分离的目的。

18. 产品水：又称渗透水，是指经过处理后所得的含盐量较低的水。

19. 浓水：又称浓缩水，是指经设备处理后盐分浓缩、含盐量较高的水。

20. 脱盐率：表明设备除盐效率的数值。其数值等于（1- 产品水含盐量 / 进水含盐量）×100%。

21. 反渗透的回收率：即产品水率，指反渗透膜系统中给水转化成产品水或透过液的百分比。数值等于产品水量 / 进水量 ×100%。

22. 离子交换：离子交换树脂将其本身所具有离子和溶液中同符号离子发生相互交换的现象。

23. 阳离子交换器：装有阳离子交换树脂，用于除去水中钙、镁或除 H^+ 以外的阳离子的离子交换设备。

24. 阴离子交换器：装有碱性阴树脂，用于除去水中各种阴离子的离子交换设备。

25. 混合床：在一个离子交换器内按一定比例装有阴、阳离子两种树脂的离子交换设备。

26. 浮动床：当水流自下而上经过离子交换器的树脂层时，如水流速度足够大，则整个树脂层向上浮动托起，这种运行方式的离子交换器称为浮动床。

27. 固定床：当离子交换器正常工作时，由离子交换树脂组成的床层不动的床型。固定床有顺流再生固定床、逆流再生固定床、双层床、混合床等。

28. 树脂的再生：树脂经过一段时间运行后，失去了交换离子的能力，这时可用酸、碱使其恢复交换能力，该过程称为树脂的再生。

29. **树脂的有机物污染**：离子树脂吸附了有机物之后，在再生和清洗时，不能解吸下来，以致树脂中的有机物量越积越多的现象。

30. **再生剂比耗**：投入再生剂物质的量与获得树脂交换容量的比值。

31. **离子交换除盐碱耗**：在失效阴树脂中再生每摩尔交换基团所耗用碱的质量。

32. **离子交换器的正洗**：阳床、阴床再生完成后，按运行制水的方向对树脂进行清洗。

33. **离子交换器的反洗**：对于水流从上而下的固定床设备，在失效后，用与制水方向相反的水流由下往上对树脂进行冲洗，以松动树脂，去除污染物。

34. **离子交换器的小反洗**：离子交换器运行到失效时，停止运行，反洗水从中间排水管引进，对中间排水管上面的压脂层进行反洗。

35. **离子交换器的小正洗**：离子交换器再生完成后，按运行制水方向从上部进水，中间排水管排水，对压脂层进行冲洗。

36. **盐垢**：蒸汽中所含盐类（硅酸盐、钠盐）沉积在蒸汽流通部位，这些沉积盐类称为盐垢。

37. **给水**：供给锅炉工作的水。给水一般包括补给水、汽轮机凝结水、疏水、生产返回凝结水。

38. **生物接触氧化法**：在池内设置填料，经过充氧的废污水以一定的流速流经填料，使填料上长满生物膜，废污水和生物膜相接触，在生物膜生物的作用下，废污水得到净化。

39. **溶解氧**：溶解于水中的游离氧，单位为 mg/L。

40. **化学耗氧量**：在一定条件下，采用一定的强氧化剂处理水样时，所消耗氧化剂的量，是表示水中还原性物质多少的指标之一。化学耗氧量越大，说明水体受有机物的污染越严重。

41. **污垢**：水垢以外的固形物的集合体。常见的污垢有泥渣及粉尘、砂粒、腐蚀产物、天然有机物、微生物群体、一般碎屑、氧化铝、磷酸铝、磷酸铁。

42. **生化需氧量**：在有氧的条件下，由于微生物的作用，水中能分解的有机物质完全氧化分解时所消耗氧的量。

43. **中和**：酸和碱互相交换成分，生成盐和水的过程。

44. **沉降**：利用污水中各种介质之间的密度差分离污水中的泥沙、悬浮物固体的过程。

45. **絮凝**：使水或液体中悬浮微粒集聚变大或形成絮团，从而加快粒子的聚沉，达到固—液分离的目的，这一现象或操作称为絮凝。

46. **曝气**：将空气中的氧强制向液体中转移的过程，其目的是防止池内悬浮体下沉。

47. **电压**：电路中必须有电位差，电流才能从电路里由高流向低，电路中任意两点间的电位差称为电压。

48. **泵的并联**：在生产过程中，随着不同的条件变化和工艺的要求，将性能相同的两台或两台以上的泵的进、出口管线各自汇总到进出口母管上的连接方式。

49. **汽蚀**：当水泵工作时，在叶轮的入口处压力降低，当压力降到一定程度时，即使在常温下，水温也会发生变化而形成大量水蒸气气泡，这些气泡随水流进入叶轮内部的高压区，气泡在高压作用下又重新凝结成水而在极短时间内破裂，气泡周围的水迅速向破裂气泡的中心集中而产生很大的冲击力。叶片表面在这种冲击力的反复作用下，起初是出现麻点，然后变成蜂窝状，严重时叶轮可能被蚀穿，这种现象叫作汽蚀。

50. **物质的量浓度**：单位体积溶液中所含溶质的物质的量。

51. **原水**：未经任何处理的天然水。

52. **含盐量**：表示水中各种阳离子的量和阴离子的量的和。

53. **碳酸盐硬度**：由钙、镁的碳酸氢盐所形成的硬度。

54. **非碳酸盐硬度**：由钙、镁的硫酸盐、氯化物和硝酸盐所形成的硬度。

55. **负硬度**：当水中的总硬度小于总碱度时，它们之差称为负硬度。

56. **离子交换树脂**：用化学合成法将高分子共聚物制成的有机单体颗粒的离子交换剂。

57. **全交换容量**：树脂中所有活性基团上交换离子总量。

58. **工作交换容量**：模拟水处理实际运行时测得的交换容量。

59. **交联度**：离子交换树脂聚合时所用二乙烯苯的质量占苯乙烯和二乙烯苯总质量的百分数。

60. **圆球率**：树脂中球状颗粒数占总颗粒数的百分数。

61. **选择性**：离子交换树脂吸附各种离子的能力不一，有些离子容易被吸附，吸附后不易被置换下来；另一些离子很难被吸附，但吸附后容易被置换下来，这种性能称为树脂对离子的选择性。

62. **保护层**：在离子交换器底部，有一层未能完全发挥其交换能力的树脂，只起到保护水质的作用，称为保护层。

63. 逆流再生：离子交换器再生时，再生液流动方向和制水时水流方向相反的再生工艺。

64. 顺流再生：离子交换器再生时，再生液流动方向和制水时水流方向相同的再生工艺。

65. 含水率：在水中充分膨胀的湿树脂所含水分的百分数。

66. 指示剂：在容量分析中，借助颜色变化来指示滴定终点的试剂。

67. 滴定终点：在滴定过程中，指示剂的变色点。

68. 反洗强度：每秒钟内流过每平方米过滤截面的反洗水量。

69. 湿真密度：树脂在水中经过充分膨胀后，树脂颗粒的密度。

70. 湿视密度：树脂在水中经过充分膨胀后的堆积密度。

71. 流速：单位时间单位面积内通过的水量。

72. 扬程：水泵能提升液体的高度。

73. 允许吸上真空高度：水泵入口处允许的真空值。

74. 方法误差：由于指示剂的终点与化学计量点不符合引起的误差。

75. 试剂误差：试验过程中，所用的蒸馏水不同引起的误差。

76. 操作误差：操作人员对刻度读数不正确引起的误差。

77. 配水系统：均匀分配反洗水和收集过滤出水的系统。

78. 二次蒸汽：蒸馏法制取锅炉补给水的工艺流程中，给水受热沸腾并汽化，蒸发出来的蒸汽称为二次蒸汽。

79. 淡水：蒸馏法制取锅炉补给水的工艺流程中，二次蒸汽在冷凝器中冷凝后成为蒸馏水即为淡水。

80. **饱和蒸汽的机械携带**：锅炉水中的各种杂质，如钠盐、硅化合物等以水溶液状态进入饱和蒸汽中，这种现象称为饱和蒸汽的机械携带。

81. **腐蚀产物**：热力设备的金属材料遭受腐蚀而形成的某些离子态和氧化物质统称为腐蚀产物。

82. **直流水系统**：冷却水只经过换热设备一次利用后就被排掉的称为直流水系统。

83. **蒸发损失**：由于冷却需要，从冷却水中蒸发逸入大气的水蒸气量。

84. **损失功率**：水泵所消耗的轴功率与其输出的功率之间的差值。

85. **喘振现象**：水泵在小流量运转时，出现的流量和排出压力有规则的周期性变化现象。

86. **必需汽蚀余量**：为了使水泵不发生汽蚀，水泵进口处所应具有的超过饱和蒸汽压力的最低限度能量。

87. **汽蚀余量**：水泵入口处单位重量液体所具有超过汽化压力的富余能量。

88. **超差**：测定结果超出允许的公差范围。

89. **过滤**：在水处理过程中，采用多孔介质进一步除去水中悬浮物的方法。

90. **筛分分析**：用一系列孔径大小不同的筛子来测定滤料在各种颗粒大小不同区域内的分布情况。

91. **缓蚀剂**：凡是添加到腐蚀介质中能干扰腐蚀电化学反应，阻止和降低金属腐蚀速度的一类物质。

92. **排污损失**：为控制冷却水因蒸发损失而引起的浓缩过程，必须人为排掉的水量。

93. **有效润滑期**：润滑油能够可靠满足使用要求的一段

时间。

94. 化学平衡：在一定条件下的可逆反应中，正反应和逆反应的速度相等，反应混合物中各组成成分的百分含量保持不变的状态。

95. 电解质：化学上把溶于水后（或熔融状态下）能导电的物质称为电解质。

96. 非电解质：在水溶液中或熔融状态下不能导电的物质。

97. 离解：电解质溶于水或受热熔化时，分解成自由移动离子的过程。

98. 强电解质：在水溶液中全部离解为离子的电解质。

99. 弱电解质：在水溶液中只有部分离解为离子的电解质。

100. 滴定度：每单位体积的标准滴定液相当于被测组分的质量。

101. 同离子效应：由于溶液中有同离子存在，而使平衡移动的现象。

102. 正盐：酸中的氢离子全部被金属置换所生成的盐。

103. 碱式盐：碱中的部分氢氧根被酸根置换时所生成的盐。

104. 无钠水：水中 Na^+ 含量小于 $2\mu g/L$。

105. 无硅水：水中硅酸根含量小于 $3\ \mu g/L$。

106. 钝化：锅炉酸洗之后，用化学药剂使金属表面形成稳定的保护膜。

107. 盐效应：沉淀法中，由于加入了强电解质而增大沉淀溶解度的现象。

108. 莫尔法：用铬酸钾作指示剂的银量法。

109. 比色阶段：比色分析法中，选择最佳条件测定有色溶液的深浅度，这一过程称为比色阶段。

110. 传导：直接接触物体各部分的热量传递现象。

111. 绝对湿度：单位体积空气中所含水蒸气的质量，叫作空气的"绝对湿度"。

112. SDI：污染指数（Silting Density Index，SDI），是水质指标的重要参数之一。它代表了水中颗粒、胶体和其他能阻塞各种水净化设备的物体含量。

113. MBR：MBR膜生物反应器（Membrane Bio-Reactor，MBR）为膜分离技术与生物处理技术有机结合的新形态废水处理系统。以膜组件取代传统生物处理技术末端二沉池，在生物反应器中保持高活性污泥浓度，提高生物处理有机负荷，从而减少污水处理设施占地面积，并通过保持低污泥负荷减少剩余污泥量。

114. EDI：电去离子（Electrodeionization，EDI）是一种将离子交换技术、离子交换膜技术和离子电迁移技术相结合的纯水制造技术。通过阳、阴离子膜对阳、阴离子的选择透过作用以及离子交换树脂对水中离子的交换作用，在电场的作用下实现水中离子的定向迁移，从而达到水的深度净化除盐。

115. TOD：总需氧量（Total Oxygen demand，TOD）是在特殊的燃烧器中，以铂为催化剂，于900℃下测定有机物燃烧氧化所消耗氧的量，该测定结果比COD（化学需氧量）更接近理论需氧量。

116. TOC：总有机碳（Total Organic Carbon，TOC）指水中的有机物质的含量，以有机物中的主要元素—碳的量来表示。

117. 电阻率：根据欧姆定律，在水温一定的情况下，水的电阻值 R 与电极的垂直截面积 S 成反比，与电极之间的距离 L 成正比，即：$R=\rho L/S$（式中，ρ 为电阻率，单位为 $\Omega \cdot m$）。

118. TN：总氮（TN）是指是水中各种形态无机氮和有机氮的总量。包括 NO_3^-、NO_2^- 和 NH_4^+ 等无机氮和蛋白质、氨基酸和有机胺等有机氮，以每升水含氮毫克数计算，常被用来表示水体受营养物质污染的程度。

119. MLSS：混合液悬浮固体浓度（Mixed liquid suspended soilds，MLSS）是指在曝气池单位容积混合液内所含有的活性污泥固体物的总量，单位为 mg/L。

120. SV：污泥沉降比（Sludge setting Veiocity，SV）是指混合液在 100mL 的量筒中，静置沉淀 30min 后，沉淀的污泥与原混合液体积之比。

121. 水的总固体：水中除了溶解气体之外的一切杂质称为固体，而水中的固体又可分为溶解固体和悬浮固体，这二者的总和即称为水的总固体。

122. 溶解固体：水经过过滤之后，那些仍然溶于水中的各种无机盐类、有机物等。

123. 悬浮固体：那些能过滤掉的不溶于水中的泥砂、黏土、有机物、微生物等悬浮物质。

124. 余氯：水经过加氯消毒，经一定时间的接触后，在水中余留的游离性氯和结合性氯的总称。

125. 化合性氯：水中氯与氨的化合物，有 NH_2Cl、$NHCl_2$ 及 NCl_3 三种，以 $NHCl_2$ 较稳定，杀菌效果好。

126. 游离性氯：水中的 ClO^-、$HClO$、Cl_2 等，杀菌速度快，杀菌力强，但消失快。

127. MLVSS：混合液挥发性悬浮固体浓度（Mixed Liquor Volatile Suspended Solid，MLVSS）表示混合液活性污泥中，有机性固体物质部分的浓度。

128. SVI：污泥体积指数（Sludge Volume Index，SVI）指曝气池混合液经 30min 沉淀后，相应的 1g 干污泥所占的容积（以 mL 计）单位为 mL/g。即 SVI= 混合液 30min 沉淀后污泥容积（mL）/ 污泥干重（g）。

129. 污泥龄：在稳定条件下，曝气池中工作着的活性污泥总量与每日排放的剩余污泥量之比。

130. 污泥负荷：单位质量的活性污泥在单位时间内所去除的污染物的量，单位为 kgCOD（BOD）/（kg 污泥·d）。

131. 水力停留时间：污水在反应器内的停留时间。

132. 好氧生物处理：在有氧气存在的条件下进行生物代谢以降解有机物，使其稳定、无害化的处理方法。

133. 厌氧生物处理：利用兼性厌氧菌和专性厌氧菌将污水中大分子有机物降解为低分子化合物，进而转化为甲烷、二氧化碳的有机污水处理方法。

134. 爆鸣气：2 体积的氢气和 1 体积的氧气的混合物。

135. 可燃物的爆炸极限：可燃气体或可燃粉尘与空气混合，当可燃物达到一定浓度时，遇到明火就会立即发生爆炸。遇火爆炸的最低浓度叫作爆炸下限；最高浓度叫作爆炸上限。浓度在爆炸上限和下限之间都能引起爆炸。这个浓度范围叫作该物质的爆炸极限。

136. 保护接地：把电气设备无电部分的金属外壳和支架等用导线和接地装置相连接，使其对地电压降到安全电压以下，一旦带电部分绝缘损坏而带电时，可以防止触电事故发生，同时还可以避免在雷击时损坏设备。

137. **相对湿度**：空气中实际所含水蒸气压力和同温度下饱和水蒸气压力的百分比。

（二）问答

1. 电力生产过程对环境造成的主要污染有哪些？

废水、废气、固体废弃物（粉煤灰、渣）、噪声、热污染。

2. 使用有毒、易燃或有爆炸性的药品应注意什么？

（1）使用这类药品时要特别小心，必要时要戴口罩、防护镜及橡胶手套。

（2）操作时必须在通风橱或通风良好的地方进行并远离火源。

（3）接触过的器皿应彻底清洗。

3. 书写化学方程式的原则是什么？

以化学反应的事实为依据，遵守质量守恒定律。

4. 晶体的主要类型有几种？

（1）离子晶体；（2）分子晶体；（3）原子晶体；（4）金属晶体。

5. 溶液的浓度有哪几种？

质量分数、体积分数、质量浓度、物质的量浓度、体积比浓度、质量摩尔浓度、滴定度。

6. 根据酸碱指示剂的特性来说明酸碱指示剂的变色原理是什么？

酸碱指示剂都是有机弱酸或有机弱碱，其酸式及共轭碱式具有不同的颜色，当溶液中的 pH 值变化时，指示剂可以失去质子，由酸式转变为碱式（或得到质子由碱式转为酸式）而出现相应颜色的变化。

7. 在进行酸碱滴定时加入的指示剂为什么不能过量？

因为指示剂都是弱酸性或弱碱性的有机化合物，加入过量指示剂会消耗碱或酸，同时变色缓慢而不易觉察终点。

8. 滴定分析法对化学反应有何要求？

（1）反应必须定量完成，即反应按一定的反应方程式进行，没有副反应，而且反应进行完全，可进行定量计算。

（2）反应能迅速完成，对于速度较慢的反应，有时可以通过加热或加入催化剂的方法来加快反应速度。

（3）有比较简单、可靠的方法来确定计量点。

9. 基准物质需要具备哪些条件？

（1）纯度高。

（2）组成与化学式相符（包括结晶水）。

（3）不易吸潮、不吸收二氧化碳、不风化失水、不易被空气氧化。

（4）易溶解。

（5）具有较大摩尔质量。

10. 标准溶液的配制方法有几种？怎样配制？

（1）有两种，直接配制法、间接法。

（2）直接配制法：准确称取一定量的物质，溶解并稀释至一定准确体积，根据计算公式求出该溶液准确浓度。

（3）间接法：先配制一近似所需浓度的标准溶液后，用基准物质或已知浓度的标准溶液来确定其准确浓度。

11. 标准溶液的配制有哪些规定？

（1）配制标准溶液要准确量取溶液的体积。

（2）配制溶液时，按比计算出的数值稍大一些，配制成接近所需浓度的溶液，再用基准物质标定其准确浓度。

（3）配制溶液用水应采用二次以上的蒸馏水或化学除盐水。

（4）所用的移液管、滴定管、容量瓶必须校正合格。

（5）标定时所取基准物质的量，应使被标定的溶液耗量不超过所用滴定管的最大容量。

（6）标准溶液的标定应同时做 2～3 次，各次结果在允许误差范围内，取平均值。

12. 储存和使用标准溶液应注意什么？

（1）容器上应有标签，标明溶液名称、浓度、配制日期。

（2）对于易受光线影响而变质或改变浓度的溶液，应置于棕色瓶避光保存。

（3）对于与空气接触易改变浓度的溶液要定期标定。

（4）超过有效日期或外状发生变化的标准溶液不得继续使用。

13. 水银温度计打破后有何危害？应如何处理？

（1）水银温度计打破后，散落的水银会形成细滴钻进桌子、地板的裂缝和不平处，室温下，造成水银大量蒸发对人造成极大危害，严重者汞中毒。

（2）遇到这种情况，应立即撒入一点硫黄粉减少汞的挥发，并用小刷将细小水银滴扫在一个小瓶里，盖好瓶盖，将水银集中处理，扫完后，还可撒一点硫黄粉在地上以便残留的汞生成没有挥发性的硫化汞。

14. 络合滴定法具备的条件有哪些？

（1）生成的络合物要具有相当程度的稳定性，使络合反应进行得完全彻底。

（2）络合反应的反应速度要迅速，具有适当的方法确定滴定终点。

（3）在一定条件下，只能形成一种配位数的络合物。

15. 提高络合滴定选择性的方法有哪些？

控制适宜的酸度，利用掩蔽和解蔽作用；进行化学分离。

16. 氧化还原滴定法的分类有哪些？

根据所用标准溶液的不同，氧化还原法可分为以下几类：

（1）以 $KMnO_4$ 为标准溶液的高锰酸钾法。

（2）以 $K_2Cr_2O_7$ 为标准溶液的重铬酸钾法。

（3）以 I_2 和 $Na_2S_2O_3$ 为标准溶液的碘量法。

（4）以 $KBrO_3$-KBr 为标准溶液的溴酸钾法。

17. 比色分析法经过哪两个步骤？

（1）选择适当的显色剂，使被测组分转变成有色物质，这一过程称为显色阶段。

（2）选择最佳条件测定有色溶液的深浅度，这一过程称为比色阶段。

18. 水质分析中，为什么要做空白试验？

在分析工作中，存在着系统误差。其中包括试剂及用水含有杂质所造成的误差，为消除这部分影响，提高分析准确度，所以要做空白试验。

19. 水的碱度测定的基本原理是什么？

碱度是指水中含有能接受氢离子物质的量。它们都能与强酸进行反应，因此，可用适宜的指示剂以标准酸溶液对它们进行滴定，然后对碱度进行计算，用物质的量浓度表示。

20. 水的硬度测定的基本原理是什么？

在 pH 值为 10 ± 0.1 缓冲溶液中，用铬黑 T 等作指示剂以乙二胺四乙酸二钠盐标准溶液滴定到纯蓝色为终点，根据消耗 EDTA 的体积，即可计算出水中钙、镁总量。

21. 用 EDTA 滴定时，为什么要加入缓冲溶液？

加缓冲溶液的目的是控制溶液的酸度，使被滴定液的 pH 值保持在一定范围内。因为 EDTA 可以和许多金属离子形成络合物，这是在不同的 pH 值下，络合物的稳定性是不同的，即 pH 值影响络合反应的完全程度。所以在络合滴定时要严格控制溶液的 pH 值，通过加入缓冲溶液来实现。

22. 什么是电导分析法？电导式分析仪器主要由哪部分组成？

通过测量溶液的电导能力来间接判断溶液的浓度的分析方法，称为电导分析法。电导式分析仪器主要由电导池（又称发送器或传感器）、转换器（又称变送器或二次仪表）和显示器三部分组成。

23. 电导率仪使用中应注意哪些事项？

（1）根据溶液的电导率大小选用不同型号的电导电极。

（2）根据溶液电导率的大小来确定仪器使用的电源频率，一般对于纯水或较纯的水，使用低频电源。

（3）如果仪器上无电极常数校正装置，那么溶液的电导率应是测得的电导值乘以该测量电极的电极常数。

（4）如仪器上无电导率的温度补偿装置，则对溶液的电导率还需要进行温度换算。

（5）在进行测量前，还应仔细检查电极的表面状况，应清洁无污物。

24. 酸度计使用中应注意哪些事项？

（1）新的玻璃电极在使用前可用酒精棉球进行轻轻地擦洗，再用蒸馏水冲洗干净，然后泡在蒸馏水中活化 24h。

（2）参比电极（一般为甘汞电极）一般填充饱和氯化钾溶液，使用时，氯化钾溶液液面应高于待测液面 2cm 左右。

（3）甘汞电极内甘汞到陶瓷芯之间不能有气泡。

（4）仪表在使用过程中，应定期用标准溶液进行检验，以保证仪表的测量准确度。

25. 钠度计在使用过程中应注意哪些问题？

（1）开启电源后，仪器应有显示，若显示不正常，应马上关闭电源，检查电源是否正常、熔断器是否完好。

（2）电极引线和表计后部的连接插头保持干燥，否则将导致测量不准。

（3）参比电极的位置应在测量电极下 1cm 左右。

（4）试样加完碱化剂后，pH > 10.5 方能进行测量。

（5）用碱化后的待测液反复冲洗电极 3 次以上，才能得到准确的测量值。

（6）若显示钠浓度值不正常，应检查复合电极插口是否接触良好，电极液是否充满，排除以上因素仍不能工作，则可更换电极。

26. Na 表电极被污染应如何处理？

使用 5%HCl 溶液浸泡 10min，然后用蒸馏水冲洗干净，再将其浸泡在已碱化的 PNa4 溶液中，进行活化处理后方能使用。

27. 测定溶液 Na^+ 时，为什么要加碱化剂？

在 pNa 电极的选择顺序中，H^+ 优先于 Na^+，对水样测定造成干扰。加入碱化剂是为了使被测溶液的 pH 值达到 10 以上，减少 H^+ 的干扰。

28. pNa 测定中有哪些因素易引起误差？

（1）离子干扰。

（2）加碱操作的影响。

（3）污染物的影响。

（4）溶液温度在 20 ～ 40℃为宜，定位液与被测液温差不超过 3℃。

29. 在线电导率仪的工作原理是什么？

在线电导率仪除具有普通电导率仪的测量功能外，由于在进水回路上串接有阳离子交换器，即进入电导率仪的水样都经过阳离子交换器处理，其作用原理有两个：因给水采用加氨校正处理，水样经阳离子交换器处理后，除去氨，消除氨对水质测定的影响，使水质测定反映真实水质状况；另外，水样中杂质经阳离子交换器处理后，盐型转换为酸型，同种阴离子酸型电导率比盐型大很多，使水样的电导率测定更敏感。

30. 常用反渗透膜对水质的主要要求有哪些？

常用的反渗透膜有三种：醋酸纤维素膜、芳香聚酰胺膜、薄膜复合膜。反渗透膜几乎可以适应任何进水水质，但其对进水处理要求严格，要求进水的水质指标为污染指数的值应小于 5。

31. 反渗透出力严重不足的原因是什么？

（1）进水量不足。

（2）进水温度偏低（因为进水温度每下降 1℃，出水量将下降 1.5%）。

（3）系统发生污染（指细菌污堵）。

（4）系统发生结垢。

32. 反渗透进水一段压差很大，二段压差不高的原因是什么？

系统性结垢，加酸或阻垢系统有问题，可在浓水排放侧，检查膜与短板间有无垢质，若有可取样分析垢质成分，确定清洗方案。

33. 反渗透产水电导很高，一段、二段压差基本不变的原因是什么？

加酸量太多，pH 值偏低，可调整加酸量。

34. 反渗透产水量突然升高，产水电导升高的原因是什么？

（1）有可能膜被划伤（5μm 以上颗粒进入）。

（2）密封 O 形圈发生泄漏。此时应对每个压力容器出水进行电导分析，若超高，则为发生事故所在，需对膜抽出逐根检查，查出原因，予以排除。

35. 柱塞泵启停操作与离心泵有什么不同？

柱塞泵运行前，开启柱塞泵入口阀、出口阀，然后按启动按钮。停止运行时，必须先停泵，然后再关泵出口阀。

离心泵运行前，先开启离心泵入口阀，按启动按钮，然后再开启泵出口阀。停止运行时，必须先关出口阀后方可停泵，以防止受系统压力冲击，发生倒转。

36. 如何检查水泵的运行是否正常？

检查的项目如下：

（1）检查轴承油室油位及油质是否正常。

（2）检查水泵轴承和电动机轴承的温升。

（3）检查出口压力表指示是否正常。

（4）检查电流表读数是否正常。

（5）检查水泵的振动情况，或运转是否有异常。

（6）检查水泵和电动机是否过热和有焦味。

（7）检查密封处泄漏水量或密封水是否正常。

37. 如何处理机泵停电？

先关闭泵的出口阀，再关闭入口阀；关闭压力表入口阀和冷却水阀；检查各零部件是否受停电影响；联系调度室，询问复电时间，做好立即启动的准备工作；做好记录。

38.如何处理泵电动机着火？

立即切断电源，如现场不能断电，联系供电断电；关闭泵的出口阀，关闭泵的入口阀；选择灭火器，将灭火器提到起火点；拔出保险销，一手握喷嘴，将喷嘴对准火焰根部，一手压下压把，干粉冲出覆盖在燃烧区将火扑灭。

39.水的预处理主要内容和任务包括哪些？

（1）去除水中的悬浮物、胶体和有机物。

（2）降低生物物质，如浮游生物、藻类和细菌。

（3）去除重金属，如 Fe、Mn 等。

（4）降低钙、镁硬度和碳酸氢根含量。

40.滤池滤料颗粒过大有什么影响？

滤料颗粒过大，细小的悬浮物会穿过滤层，容易造成出水浊度超标，而且在反洗时滤层不能松动，反洗不彻底，使沉积物和滤料结成硬块，从而使水流不均匀，出水质量降低。

41.滤池滤料颗粒过小有什么影响？

滤料颗粒过小，则水流阻力大，滤层中水头损失增加过快，从而缩短运行周期，反洗次数频繁，增加反洗水的耗量。

42.混凝处理的原理是什么？

混凝处理包括凝聚和絮凝两个过程。

其原理主要包括以下三个方面：

（1）混凝剂加入后，离解出高价反离子对胶体的扩散层有压缩作用。

（2）混凝剂水解成为絮凝体，在其沉降过程中，对水中的悬浮微粒起到网捕作用。

（3）混凝剂加入后，水解产物成为对胶体微粒可以起到吸附架桥作用的扩散层。

43. 机械搅拌加速澄清池的工作原理是什么？

机械搅拌加速澄清池是借搅拌叶轮的提升作用，使先期生成并已经沉到泥渣区的泥渣回流到反应区，参与新泥渣的生成。在此过程中，先期生成的泥渣起到了结晶核心和接触吸附的作用，促进新泥渣迅速成长，达到有效分离的目的。

44. 在澄清器前常有空气分离器，其主要作用是什么？

水流经空气分离器后，由于流速的变慢和流动方向的改变，造成水的扰动，从而除去水中的空气和其他气体。否则，这些空气和气体进入澄清器后，会搅乱渣层而使出水变浑。

45. 经过混凝处理后的水，为什么还要进行过滤处理？

因为经过混凝处理后的水，只能除掉大部分悬浮物，还有细小悬浮杂质未被除去。为保证离子交换水处理设备正常运行和具有较高的出水品质，必须还要经过过滤才能将那些细小的悬浮物及杂质除掉，以满足后期水处理设备的要求。

46. 水的氯化处理的原理是什么？有哪些常用的药品？

水的氯化处理是向水中投加氯或其他化合物，以杀死其中微生物的处理过程。

常用药品有氯气、次氯酸钙、次氯酸钠。

47. 过滤器的基本工作原理是什么？

当含有少量细小悬浮物的水进入滤池后通过滤层，由于表面的薄膜过滤作用和滤层内部的渗透作用，使滤后水中悬浮物含量更少。

48. 过滤器排水装置的作用有哪些？

（1）引出过滤后的清水，而不使滤料带出。

（2）使过滤后的水和反洗水的进水，沿过滤器的截面均匀分布。

（3）在大阻力排水系统中，有调整过滤器水流阻力的作用。

49. 过滤器常用的滤料有哪几种？

过滤器常用的滤料有石英砂、无烟煤、活性炭、大理石等。

50. 过滤器的滤料有何要求？

（1）要有足够的机械强度。

（2）要有足够的化学稳定性，不溶于水，不能向水中释放出其他有害物质。

（3）要有一定的级配和适当的孔隙率。

（4）要价格便宜、货源充足。

51. 混凝处理中常用聚合铝有哪些？其主要优点有哪些？

水处理中常用的聚合铝为聚合氯化铝或碱式氯化铝，简称 PAC。PAC 不是同一形态的化合物，实际上包含有不同形态的 $Al_n(OH)_m$ 羟基化合物，通式可以写为：$Al_n(OH)_mCl_{3n-m}$，它在水中可以形成高电荷的聚合正离子，可以有效地中和水中的胶体颗粒表面的负电荷，提高压缩胶体颗粒扩散层的能力。另外，它的分子量较大，在水中絮凝过程中，不水解，故形成絮凝物的速度快，吸附能力强，密度大，容易沉降。

52. 影响过滤器运行效果的主要因素有那些？

（1）滤速，过滤器的滤速不能太快又不能太慢。

（2）反洗，反洗必须要具有一定的时间和流速，反洗效果好，过滤器的运行才能良好。

（3）水流的均匀性，只有水流均匀，过滤效果才能良好。

（4）滤料的粒径大小和均匀度。

53. 凝结水处理覆盖过滤器的工作原理是什么？

覆盖过滤器的工作原理是预先将粉状滤料覆盖在特制滤元上，使滤料在其上面形成一层均匀的微孔滤膜，水由管外进入，经滤膜过滤后，通过滤元上的孔进入管内，汇集后送出，从而起到过滤作用。当采用树脂粉末时，兼有脱盐作用。

54. 浮动床的工作原理是什么？

浮动床与固定逆流再生原理相同，只是其运行方式比较特殊，是以整个床层托在设备顶部的方式进行的。当原水自下而上的水流速度大到一定程度时，可以使树脂像活塞一样上移（称成床），此时，床层仍然保持着密实状态。离子交换反应即在水向上流的过程中完成。当床层失效时，利用排水的方法或停止进水的办法使床层下落（称落床），然后自上而下地通过再生液进行再生。但是在成床时，应控制水的流速，以防止成床后乱层。

55. 浮动床有哪些优点？

（1）运行流速高。

（2）出水水质好。

（3）再生剂比耗低。

（4）本体设备结构简单。

（5）运行操作步骤少。

（6）自用水率低。

56. 如何防止反渗透膜的脱水？

（1）停运前降低压力，降低回收率，以减少浓度差。

（2）反渗透装置出口处装高位水箱。

57. 离子交换器的小反洗目的是什么？

冲去运行时积累在表面层和中间排水装置上的污物，由排水带走。

58. 离子交换器的小正洗目的是什么？

冲洗掉压脂层树脂上残留的再生液。

59. 为什么阳床要在阴床前面？

原水先通过阴床，则 $CaCO_3$、$Mg(OH)_2$、$Fe(OH)_3$ 等沉淀附于树脂表面，很难洗涤掉，如设在阳床后，进入阴床的离子基本上只有 H^+，溶液呈酸性，可减少反离子作用，使反应彻底进行。

60. 如何从阴床的出水判断阳床是否失效？

可以从阴床出水的酸度、pH 值、电导、钠含量来判断。

阳床失效后，杂质阳离子进入阴床，导致阴床出水钠含量、电导上升。由于阴床中氢氧化钠增多，引起反离子效应，导致阴床除硅能力下降，使阴床出水含硅量也上升。

61. 阳床、阴床周期制水量降低的原因有哪些？

（1）入口水水质发生变化，进出水装置损坏，发生偏流。

（2）再生效果不好。

（3）树脂交换容量下降。

（4）除碳器效率低，增加了二氧化碳含量。

62. 混床进酸进碱操作常见故障的分析及处理有哪些？

（1）进酸进碱后，混床内的水位有上升趋势或下降趋势。出现这一故障将会影响再生效果，因此必须调整进酸进碱流量和中间排水阀，保证水位相对稳定。

（2）进酸进碱过程，床体内树脂上浮。出现这一故障的主要原因是进酸流量大于进碱流量，必须降低混床的进酸流量。

63. 阴离子交换器出口水硅酸根突然增大或出现酚酞碱度的原因有哪些？

(1) 反洗水阀不严。

(2) 碱还原阀不严，漏入还原碱液。

(3) 除碳器发生故障，除碳效率降低。

(4) 阳离子交换器失效漏钠。

64. 阳离子交换器漏钠的原因有哪些？

(1) 置换不彻底。

(2) 配水装置损坏造成配水偏流。

(3) 树脂压实造成配水偏流。

(4) 给水流量过小不能彻底成床。

(5) 投入前清洗不彻底。

(6) 正洗入口阀关闭不严；操作不当误投。

65. 离子交换工作层的高度反映哪些因素？

(1) 水中离子组成和浓度。

(2) 出水中离子的允许浓度。

(3) 水流速度。

(4) 离子交换速度。

66. 如何选择再生剂？

(1) 强酸性阳树脂可用 HCl 或 H_2SO_4 等强酸，不宜采用 HNO_3，因其具有氧化性。

(2) 弱酸性阳树脂可以用 HCl、H_2SO_4 或者是 NH_3。

(3) 强碱性阴树脂可用 NaOH 等强碱。

(4) 弱碱性阴树脂可用 NaOH 或 Na_2CO_3、$NaHCO_3$ 等，也可用 NH_3。

（5）还应根据水处理工艺、再生效果、经济性及再生剂的供应情况综合考虑。

67. 再生液的纯度差对再生效果的影响有哪些？

（1）使交换剂的交换容量大为降低。

（2）使交换剂的再生周期大大缩短。

（3）使交换剂的再生程度大为降低。

（4）影响出水水质。

68. 顺流再生工艺有何优缺点？

优点：交换器结构简单，易操作，对进水悬浮物含量要求不严格。

缺点：出水水质差，再生剂相对较差，再生剂的利用率低，树脂工作交换容量低，自用水率高等。

69. 逆流再生工艺有何优缺点？

优点：出水水质好，适应性强，再生剂的用量相对较低，再生效率高，树脂工作交换容量高，自用水率低，再生废液中有效再生剂浓度低，排废水量少。

缺点：交换器的结构相对较复杂，再生操作复杂，不适宜硫酸作再生剂等。

70. 降低酸耗有哪些具体措施？

（1）增设弱酸弱碱性离子交换器和采用双层床交换器。

（2）采用逆流式（包括浮动床）和设置前置式交换器。

（3）回收废再生液和清洗水。

（4）对各种床应进行调试试验，从而确定再生剂的用量、浓度、温度、流速等最佳运行工况。

（5）尽量采用纯度较高的再生剂。

（6）当原水中的 Na^+ 含水量较高时，应尽量用 H^+ 配酸。

（7）加强培训，提高操作者的技术水平。

71. 为什么再生液浓度太高不能提高再生效果，反而会降低？

再生液浓度太高造成交换树脂扩散层压缩，从而使扩散层中的反离子变成吸附层中的反离子，扩散层的活动范围变小，所以再生液浓度不能太高。

72. 混合离子交换器除盐原理是什么？

混合离子交换器是将阴阳离子交换树脂按照一定的比例均匀混合放在一个交换器中，它可以看作是许多阴阳树脂交错排列的多级式复床。

在与水接触时，阴、阳树脂对于水中阴阳离子的吸附几乎是同步的，交换出来的 H^+ 和 OH^- 很快化合成水，即将水中的盐除去。

73. 混合离子交换器中设有上、中、下三个窥视窗的作用是什么？

（1）上部窥视窗一般用来观察反洗时树脂的膨胀情况。

（2）中部窥视窗用于观察交换器内阴树脂的水平面，确定是否需要补充树脂。

（3）下部窥视窗用来检查混合离子交换器准备再生前阴阳离子树脂的分层情况。

74. 再生混合离子交换器的主要装置有哪些？

（1）上部进水装置。

（2）下部集水装置。

（3）中间排水装置。

（4）酸碱液分配装置。

（5）压缩空气装置。

（6）阴阳离子交换树脂装置。

75. 什么是离子交换树脂工作层?

当水流过树脂层时,由于受离子交换速度的限制,必须经过一定层高度后,水中的离子量才能减少到要求的水平。在这一过程, 水中离子不断向树脂颗粒内部扩散。通常称这一层树脂为工作层。

76. 阴树脂污染的特征和复苏方法有哪些?

根据阴树脂所受污染的情况不同,采用不同的复苏方法或综合应用。

由于再生剂的质量问题,常常造成铁的污染,使阴树脂颜色变得发黑,可以采用5% ~ 10%的盐酸处理。

阴树脂最易受到的污染为有机物污染,其特征是交换容量下降,再生后,正洗时间延长,树脂颜色常变深,除盐系统的出水水质变坏。

对于不同水质污染的阴树脂,需做具体的筛选试验,确定 NaCl 和 NaOH 的量,常使用两倍以上树脂体积的含10%NaCl 和 1%NaOH 溶液浸泡复苏。

77. 阳离子交换器漏酸的原因有哪些?

(1) 进酸阀坏。

(2) 进酸阀未关或未关严。

(3) 再生阳离子交换器的出口阀未关或未关严。

(4) 处理中的阳离子交换器误投入。

78. 阴离子交换器漏碱的原因有哪些?

(1) 进碱阀坏。

(2) 进碱阀未关或未关严。

(3) 再生阴离子交换器的出口阀未关或未关严。

(4) 处理中的阴离子交换器误投入。

79. 如何保管新树脂？

（1）防止树脂冻裂：要储存在室内，温度保持在 5～40℃。

（2）防止树脂受热：树脂长期处于高温情况下，易引起树脂变形、交换基团分解和微生物污染。

（3）防止树脂干燥。树脂若水分蒸发干燥，则易造成树脂破碎或机械强度下降，丧失或降低交换能力。

（4）防止树脂劣化。储存时一定要避免与铁容器、氧化剂和油类直接接触而造成树脂劣化。

（5）防止树脂霉变。树脂长期放置在交换器内部不用，会滋长青苔和细菌繁殖，造成污染。因此，必须定期换水或反冲洗。

（6）防止树脂混杂。阴、阳树脂必须分开堆放，挂上标签，切不可混杂。

（7）离子交换树脂储存时间不宜过长，最好不要超过一年。

80. 离子交换树脂化学性质有哪些？

（1）离子交换反应可逆性。

（2）酸碱性。

（3）离子交换树脂选择性。

（4）交换容量。

81. 离子交换树脂使用后为什么颜色变深？

离子交换树指使用后，经过一段时期，由于水中的高价离子（如Fe^{3+}）或有机物的污染及氧化，往往使树脂颜色变深。另外，失效时的树脂往往要比再生好的树脂颜色稍深一些。

82. 树脂受到有机物污染的原因是什么？

有机物质在水中往往带有负电，成为阴离子交换树脂污染的主要物质。有机物主要是存在于天然水中的腐殖酸、胶团性的有机杂质、相对分子质量为 500～5000 的高分子化合物以及多元有机羧酸等。这些物质吸附在树脂上，有的占据或者结合了树脂上的活性基团，有的使树脂的强碱活性基团碱性降低而降解，使树脂降低了离子交换能力。

83. 阴离子交换器再生效率低的原因有哪些？

（1）再生时碱液的温度比较低，黏度大，化学活性能差，再生效果差。

（2）再生液中的杂质较多，如果碱液中 $NaCl$、Na_2CO_3 以及重金属等含量很高，也会使阴离子交换器的再生效率降低。

（3）阴树脂的有机物污染、聚合胶体硅的沉积等很难通过再生来消除，因此再生的效率低。

（4）再生时，碱液的浓度低，再生的流速过慢，都会降低再生效果。

（5）阴树脂的化学稳定性较差，易受氧化剂的侵蚀，尤其是季铵型的强碱性阴树脂的季铵被氧化为叔、仲、伯胺，使交换基团降解，碱性减弱，再生效果差。

（6）再生时，树脂层中进入空气。

84. 混床出水电导、SiO_2 不合格的原因是什么？

（1）一级除盐设备运行失效未及时停运，影响混床出水。

（2）再生操作不当，树脂分层不好，影响再生效果。

（3）再生装置坏，再生剂量不足，浓度过低，再生时间不够。

（4）反洗进水阀、进酸阀或进碱阀不严。

（5）树脂被污染。

85. 除盐系统树脂受到有机物污染，有哪些典型症状？

（1）根据树脂的性能，强碱阴树脂易受到有机物的污染，污染后交换容量下降，再生后正洗所需的时间延长，树脂颜色变深，除盐系统的出水水质变坏，pH 值降低。

（2）取样做进一步判断，将树脂加水洗涤，除去表面的附着物，倒尽洗涤水，换装 10% 的食盐水，振荡 5～10min，观察食盐水的颜色，根据污染的程度逐渐加深，从浅黄色到琥珀色、棕色、深棕色、黑色。

86. 树脂受到悬浮物污染的原因是什么？

水中悬浮物质，紧裹着树脂表面的液膜层，从而隔绝了树脂的离子交换过程，使树脂受到污染。这种污染以阳离子交换树脂居多。

87. 阴、阳树脂混杂时，如何将它们分开？

可以利用阴阳树脂密度不同，借自下而上水流分离的方法将它们分开。

另一种方法是将混杂树脂浸泡在饱和食盐水或 16% 左右的 NaOH 溶液中，阴树脂就会浮起来，阳树脂则不会。

如果两种树脂密度差很小，则可先将树脂转型，然后再进行分离，因为树脂的类型不同，其密度也发生变化。

88. 树脂漏入热力系统有什么危害？

树脂漏入热力系统后，在高温高压的作用下发生分解，转化成酸、盐和气态产物，使炉水的 pH 值下降，蒸汽夹带低分子酸，给锅炉的酸性腐蚀和汽轮机腐蚀留下隐患。

89. 离子交换设备中配水装置的作用是什么？

中间配水装置一般在逆流再生固定床和体内再生混床中采用。它们都起到排放废再生液或废水的作用。在逆流再生固定床再生操作时，它还可以用来排出顶压用压缩空气，兼作小反洗的进水配水作用。

90. 除碳器的作用是什么？

除碳器的作用是除去水中的二氧化碳。在 H-Na 离子交换系统中起到降低碱度的作用。在除盐系统中，减轻阴离子交换器的负担，降低碱量消耗，并有利于硅酸根的消除。

91. 除碳器为什么设在阳、阴床之间？

（1）除碳器可除去阳床出水中 CO_2，减轻阴床负担。

（2）HCO_3^- 除去，极大有利阴床除 $HSiO_3^-$。

（3）可降低阴床碱耗，提高水质。

92. 除碳器除碳效果好坏对除盐水质有何影响？

原水中一般都含有大量的碳酸盐，经阳离子交换器后，水的 pH 值一般都小于 4.5，碳酸可全部分解为 CO_2。

CO_2 经除碳器后可基本除尽，这就减少了进入阴离子交换器的阴离子总量，从而减轻了阴离子交换器的负担，使阴离子交换树脂的交换容量得以充分利用，延长了阴离子交换器的运行周期，降低了碱耗。

由于 CO_2 被除尽，阴离子交换树脂能彻底地除去硅酸。

当 CO_2 与 $HSiO_3^-$ 同时存在水中时，在离子交换过程中，CO_2 与 H_2O 反应，能生成 HCO_3^-，HCO_3^- 比 $HSiO_3^-$ 易于被阴离子交换树脂吸附，妨碍了硅的交换。

除碳效果不好，水中残留的 CO_2 越多，生成的 HCO_3^- 量就多，不但影响阴离子交换器除硅效果，也可使除盐水含硅量和含盐量增加。

93. 除盐水箱水质劣化的原因有哪些？

阴床体出口阀不严，加上床体内压力高于出口母管压力，致使新鲜碱液进入除盐水箱，造成除盐水的电导率、钠含量增加，pH 值升高。

阳床泄漏，硬度和碱度较高的水经阴床进入除盐水箱。

酸碱液入口阀不严或误开入口阀，酸碱液串出口水中而进入除盐水箱。

检测表不准确，未能及时捕捉失效终点。

94. 对热力设备及其系统为什么要进行化学监督？

化学监督是保证热力设备及其系统安全经济运行的重要措施。因为水汽质量不好，会引起热力设备及系统的结垢、腐蚀和积盐。所以，在热力设备运行过程，必须经常分析、判断水处理效果，掌握各种水、汽质量的变化情况，及时地采取有效措施，保证水、汽质量符合规定的要求。

95. 何谓水垢、水渣？二者的区别是什么？

在受热面与水接触的管壁上黏着坚硬附着物，称为水垢。呈悬浮状态和沉渣状态的物质称为水渣。

区别：水垢能牢固地黏在受热面的金属表面，而水渣是以松散的细微颗粒悬浮于锅炉水中。

96. 水、汽系统通常有几种腐蚀？

（1）氧腐蚀；（2）沉积物下腐蚀；（3）水蒸气腐蚀；（4）应力腐蚀。

97. 炉水磷酸盐含量过高有何危害？

（1）增加炉水含盐量影响蒸汽品质。

（2）容易在锅炉中发生磷酸盐的暂时消失现象。

（3）当给水中 Mg^{2+} 含量较高时有生成 $Mg_3(PO_4)_2$ 的可能，它能黏附在炉管内生成二次结垢。

（4）若给水含铁量大时，有生成磷酸盐铁垢的可能。

98. 炉水在用磷酸盐处理时，在保证 pH 值的情况下，为什么要进行低磷酸盐处理？

由于磷酸盐在高温水中溶解度降低，对于高压及以上参数的汽包炉采用磷酸盐处理时，在负荷波动工况下容易沉淀析出，发生"暂时消失"现象，破坏炉管表面氧化膜，腐蚀炉管。降低炉水的磷酸盐浓度，可以避免这种消失现象发生，减缓由此带来的腐蚀。

99. 锅炉在运行中，锅炉水的磷酸根含量突然降低，原因有哪些？

给水硬度超过标准，如补给水、凝结水、疏水或生产返回水硬度突然升高而引起的给水硬度超过标准。

锅炉排污量大或水循环系统中的阀门泄漏。

锅炉负荷增大或负荷增大时产生"盐类暂时消失"现象。

加药量不够，如加药泵被污物堵塞，泵内进空气打不上药，磷酸钠溶液浓度低或加药不及时等。

加药系统的阀门不严，药液加到其他锅炉内或漏至系统外。

100. 锅炉中发生易溶盐"隐藏"现象的危害是什么？

在炉管上形成易溶盐附着物，其危害与水垢相似，其危害有以下几种：

（1）能与炉管上其他沉积物，如金属腐蚀产物硅化合物等发生反应变成难溶的水垢。

（2）因其传热不良，在某些情况下也可直接导致炉管金属严重超温，以至烧坏。

（3）能引起沉积物下的金属腐蚀。

101. 炉水碱度过高有什么危害？

可能引起水冷壁的碱性腐蚀和应力破裂。

可能使炉水产生泡沫，甚至产生汽水沸腾而影响蒸汽质量。

对于铆接锅炉可能引起苛性脆化等。

102. 炉水 pH 值过低，有何不良影响？

（1）水对锅炉管壁的腐蚀性增强。

（2）不利于磷酸盐除垢。因为磷酸根与钙离子只有在 pH 值足够高的条件下才能生成容易排除的水渣。

（3）若 pH 值低，锅炉水的硅酸盐易发生水解，硅酸在蒸汽中的携带量也随之增加。

103. 锅炉发生酸性腐蚀的条件有哪些？

（1）锅炉炉水缓冲性低，由于凝汽器泄漏或有机物在锅内分解产生有机酸，使炉水 pH 值降低。

（2）在管壁上存在多孔沉积物或缝隙情况下，炉水中的酸式盐在这些部位浓缩，并发生水解，造成局部 pH 值过低。

（3）磷酸盐在锅炉内"隐藏"现象，会使酸式盐沉积在金属表面。

104. 锅炉水中造成苛性碱发生浓缩有哪几种情况？

（1）锅炉水中蒸气由核沸腾转为膜沸腾，造成水中局部区域发生苛性碱浓缩。

（2）在沉积物下将炉水和管壁金属隔离开的区域，蒸汽逸出，造成该部位炉水中苛性碱浓缩。

（3）在水线界面上蒸发，苛性碱由于蒸发而浓缩，然后沿水线发生腐蚀。

105. 引起沉积物下腐蚀的运行条件有哪些？

（1）结垢物质带入锅炉炉内。（2）凝汽器泄漏。（3）补水水质不良。

106. 如何防止沉积物下腐蚀？

（1）新装锅炉投入运行前，进行化学清洗。

（2）锅炉运行后要定期清洗，提高给水水质。

（3）防止凝汽器泄漏。

（4）调节炉水水质，减少锅炉水中侵蚀性杂质。

（5）做好锅炉的停用保护工作，防止停用腐蚀，以免炉管上产生附着物。

107. 锅炉发生汽水腐蚀的部位有哪些？

（1）汽水停滞部分；（2）蒸汽过热器中。

108. 锅炉防止汽水腐蚀的方法有哪些？

（1）清除锅炉倾斜较小管段，以保证正常汽水循环。

（2）对于过热器，应采用特种钢材制成。

109. 锅炉发生苛性脆化的因素有哪些？

锅炉中发生苛性脆化要有三个因素同时存在：

（1）锅炉水中含有一定游离碱而且具有侵蚀性。

（2）锅炉是铆接或胀接的，而且这些部位有不严密的地方，因而发生局部水质浓缩过程。

（3）金属中有很大的应力。

110. 锅炉给水加氨的目的是什么？

锅炉给水加氨的目的是提高锅炉给水 pH 值，防止因游离 CO_2 存在造成酸性腐蚀。

111. 锅炉给水加乙醛肟的目的是什么？

防止锅炉受热面上结铜、铁垢，以及由此而产生的垢下腐蚀，同时，也是作为辅助热力除氧不足的一种化学处理方法。

112. 为什么要监督凝结水的含氨量？

因为氨能和铜合金中的铜、锌反应，生成铜氨和锌氨络离子，使原来不溶于水的氢氧化铜保护膜转化成易溶于水的络离子，破坏了它们的保护作用，使黄铜遭受腐蚀。但是在氨含量不大时，这种作用很弱，只有在氨超过一定范围时，才有影响。

113. 炉管结垢的危害有哪些？

（1）降低热力设备的传热效率；（2）引起水冷壁过热；（3）引起沉积物下腐蚀。

114. 锅炉启动时为什么要加强底部排污？

锅炉停炉时，炉内的沉积物聚于锅炉水冷壁的下联箱内，当锅炉启动时，在低负荷下水循环速度低，水渣下沉，此时加强底部排污效果较好。

115. 锅炉启动时，如何保证给水质量？

（1）减少热力系统的汽水损失，降低补给水量。

（2）采用合理的水处理工艺，降低补给水中杂质含量。

（3）防止凝汽器泄漏，避免凝结水污染。

（4）防止给水和凝结水系统的腐蚀，减少给水中的金属腐蚀产物。

116. 测定溶液的氯离子含量时，应注意什么？

应注意水样的酸、碱性。因为铬酸银易溶于酸，若在酸性溶液中，铬酸银溶解而不生成沉淀，同时也不显橙红色，则滴定终点无法判断。另外，若在强碱性溶液中，滴入水样中的银离子生成氧化银棕褐色沉淀干扰氯化银沉淀生成。因此，滴定前对水样应进行 pH 值检查，并进行酸碱中和。

117. 热力设备水汽系统中的杂质来源于哪些方面？

（1）补给水含有的杂质进入系统。

（2）凝汽器冷却水渗漏使杂质进入蒸汽凝结水。

（3）返回水含有的杂质进入系统。

（4）金属腐蚀产物被水流携带。

118. 锅炉水含硅量、含钠量、碱度不合格的原因是什么?

（1）给水水质不良；（2）锅炉排污不正常。

119. 给水硬度不合格的原因是什么?

（1）组成给水的凝结水、补给水、疏水或生产返回水的硬度太大。

（2）生水渗入给水系统。

120. 给水除氧的方式几种?

（1）热力除氧；（2）凝汽真空除氧；（3）化学除氧。

121. 锅炉连排阀门的开度大小由什么决定?

由炉水水质决定。对以除盐水为补水的锅炉，在给水没有受到影响的情况下，可根据给水、炉水和蒸汽中的含硅量来决定排污率。排污率不小于 0.3%，不大于蒸发量的 2%。

122. 什么是定期排污? 其作用是什么?

定期排污：定期从锅炉水循环系统最低处排放部分炉水。

作用：将炉水中的水渣、沉淀物和腐蚀产物排掉，目的是避免二次水垢形成和管路堵塞。

123. 锅炉定期排污的要点有哪些?

（1）地点在锅炉水循环系统的最低点。

（2）排放含水渣较高的锅水。

（3）一般在低负荷时进行，间隔时间与锅水水质和锅炉蒸发量有关。

（4）一般排污时间不超过 1.0min。

（5）排污水量为锅炉蒸发量的 0.1%～0.5%。

124. 什么是连续排污? 它的目的是什么?

连续排污也叫表面排污，是连续不断地从锅炉汽包内接近水面的地方排放锅炉水。它的目的是降低锅炉水的含盐量和排除锅炉水中的泡沫、有机物以及细微悬浮物等。

125. 实验工作发现水质异常，应首先查明哪些情况？

（1）检查取样器是否泄漏，所取样品是否正确。

（2）检查分析用仪器、试剂、分析方法等是否完全正确，计算有无差错。

（3）检查有关表计指示是否正确，设备运行方式有无异常。

126. 游离 CO_2 腐蚀的原理、特征是什么？其易发生的部分有哪些？

原理：当水中有游离 CO_2 存在时，水呈酸性，由于水中 H^+ 含量的增多，H^+ 就会得到电子而生成氢气，铁则失去电子而被腐蚀。CO_2 溶于水中虽然只呈弱酸性，但随着反应的进行，消耗掉的氢离子会被弱酸继续离解所补充，因此，pH 值就会维持在一个较低的范围内，直至所有的弱酸离解完毕。

特征：游离的 CO_2 腐蚀产物都是易溶的，在金属表面不易形成保护膜，所以腐蚀的特征是金属均匀地变薄，这种腐蚀会将大量铁的产物带入锅内，引起锅内结垢及腐蚀。

部位：在热力系统中，最容易发生游离 CO_2 腐蚀的部位是凝结水系统、疏水系统，除氧器以后的设备中也会发生游离 CO_2 腐蚀。

127. 锅炉化学清洗的一般步骤和作用是什么？

水冲洗：冲去炉内杂质，如灰尘、焊渣、沉积物。

碱洗或碱煮：除去油脂和部分硅酸化合物。

酸洗：彻底清除锅炉的结垢和沉积物。

漂洗：除去酸洗过程中的铁锈和残留的铁离子。

钝化：用化学药剂处理酸洗后活化了的金属表面，使其产生保护膜，防止锅炉发生再腐蚀。

128. 锅炉采用 EDTA 化学清洗步骤和目的是什么？

水冲洗：用除盐水冲洗除去可被冲洗掉的脏污物。

碱洗：清除系统内的油垢、含硅杂质和疏松的锈蚀产物，以提高后续的 EDTA 化学清洗效果。

EDTA 清洗和钝化：彻底清洗污垢后镀膜保护，循环清洗至清洗系统的总铁离子、EDTA 浓度和 pH 值达到平衡后，清洗结束。在 EDTA 清洗结束前，也可采用充氧钝化工艺，加强钝化效果。

清洗后的备用保护和系统恢复：防止清洗后二次腐蚀、结垢，恢复系统正常状态，为冲管或启动做好准备。

129. 停炉保护的基本原则是什么？

（1）保持停用锅炉水、汽系统金属表面的干燥，防止空气进入，维持停用设备内部的相对湿度小于 20%。

（2）在金属表面造成具有防腐蚀作用的保护膜。

（3）使金属表面浸泡在含有除氧剂或其他保护剂的水溶液中。

130. 热力设备停运保护从原理上分哪三类？

（1）第一类是防止外界空气进入停用设备的水、汽系统。这类方法有充氮法、保持蒸汽压力法等。

（2）第二类是降低热力设备水汽系统内部的湿度，保持停用锅炉水、汽系统金属内表面干燥。这类方法有烘干法、干燥剂法。

（3）第三类是加缓蚀剂法，使金属表面生成保护膜，或者除去水中的溶解氧。所加缓蚀剂有联氨、乙醛肟、丙酮肟、液氨和气相缓蚀剂、十八胺等。

131. 锅炉大修时完成哪些检查？

(1) 对汽包的检查。

(2) 对水冷壁的检查。

(3) 对过热器再热器的检查。

(4) 对省煤器的检查。

132. 沉砂池的功能是什么？

沉砂池用来去除无机物固体颗粒，减少后续设施负荷，避免对后续设施的危害和磨损，同时也可去除大雨时进入的泥砂。

133. 集泥系统由哪些设备组成？

集泥池、浓缩池、污泥泵、压滤机。

134. 鼓风机有什么作用？

供给接触氧化池充足的空气，保证生化条件；此外定期向二气浮池供气，对接触过滤层进行水反洗的空气辅助擦洗。

135. 生物接触氧化池的作用有哪些？

在接触氧化池内注入空气，在好氧状态下，废污水中的有机物被长在池内填料内的生物膜降解，使水得到净化。

136. 计量槽的功能是什么？

用来人工计量处理后水的流量。

137. 溶气系统的作用是什么？

向处理构筑物一、二气浮池的水中提供微小气泡，从而使处理水得到进一步净化。

138. 集泥系统的工作原理是什么？

气浮池产生的污泥，由刮沫机刮入集泥槽，自流入集泥池，用污泥泵升压排入浓缩池，浓缩池为间歇放水，浓缩后的污泥用浓缩池底部污泥泵升压排至调节泵房，压滤机进行污泥脱水处理，处理后的泥饼用人工清完运走，滤液自流入调节水箱，氧池、气浮池底部排泥也进入集泥系统进行处理。

139. 鼓风机启动前的检查事项有哪些？

（1）检查鼓风机各部紧固良好，地脚螺栓牢固，电动机地线良好，盘车轻快无阻，皮带完好。

（2）检查油位在油位指示针的红点位置，油质良好。

（3）检查各池进风门、旁路门（排空门）处于开启状态。

140. 气浮池有哪些功能？

气浮池是采用部分回流水，向废污水中通入一定压力的空气，使空气溶解于水中，并达到过饱和的状态，然后再将经过溶气的水导向溶气释放器，通过释放器的骤然消能降至常压，此时促使溶解于水中的空气，以微小气泡的形式从水中稳定释出，并与接触氧化池出水中随水流出的衰老生物膜或其他细小固体颗粒相黏附而一起浮至水面，浮上水面的污泥由刮沫机排入集泥槽至集泥池，澄清的水则由气浮池下部流出。

141. 污水站设备启动前的准备工作是什么？

（1）检查投运系统中阀门应处于关闭状态。

（2）检查各池内无杂物，无污泥堵塞现象。

（3）检查各转机设备处于良好的备用状态。

（4）检查加药量是否充足。

（5）检查各池排泥系统畅通，无堵塞现象。

（6）准备水质化验监测所需的仪表、药品。

142. 离心泵的运行维护工作有哪些？

（1）应经常检查电动机电源电压情况，电压允许变化范围为（380±19）V。

（2）每小时应检查设备的运行情况，要求泵出口压力符合设计规范，电动机最大电流不超过设计规范，电动机温度小于100℃，电动机温升小于65℃，水泵温度小于80℃，轴承温升小于45℃。

（3）每2h检查一次水泵油室油位，油位应在上、下标志线之间，油质清洁不漏泄，发现油质劣化及时换油。

（4）密封填料无过热现象，密封填料漏泄量在规定标准之内。

（5）水箱或药箱液位不允许低于规定值。

（6）按泵的定期切换制度进行切换运行。

（7）增加负荷时，严格注意转动设备运行参数，不允许超过额定值。

（8）间断运行的设备，运行时要始终有人看管。

（9）因系统漏泄或厂房漏雨水溅到电动机上时，应立即停止水泵运行，用塑料或其他物品将电动机盖好，堵住漏点，通知电气人员测绝缘。

143. 转机设备启动前的准备工作有哪些？

（1）水泵、电动机周围应清洁，不许有防碍运转的杂物存在，不准有水汽漏泄。

（2）靠背轮连接螺栓牢固好用，并有防护罩，搬运对轮应轻快无阻，无卡涩和摩擦现象。

（3）地脚螺栓牢固，电动机接地线完好，绝缘合格。

（4）油室油位在油位上、下标志线之间，油质良好。

（5）开启压力表阀，压力表、电流表指示零位或指示正常。

（6）水泵进水侧应有足够的水位或药位，水泵入口阀应全开，出口阀应处于关闭状态。

144. 离心泵启动时的注意事项有哪些？

（1）一般情况下，电动机不应连续启动两次以上。

（2）电动机启动时冒烟，应通知电气值班员停电检查。

（3）合闸以后电动机不转或电流表指示最大不返回，应立即断开。

145. 污水站设备维护措施有哪些？

（1）长期不运行的系统要把存水排净，以免水质腐蚀和冻坏设备。

（2）池内要经常随时清扫和冲洗，及时清扫池室及水堰、水槽中的浮渣和杂物，保持清洁无杂物。

（3）经常检查各管道、阀门有无跑冒现象。

（4）保证各池配水均匀，各池进水、配水要维护均匀，发现短路、截留或不均匀要根据情况及时采取措施。

（5）切换水泵与鼓风机、空压机时，应先启动备用设备，投运正常后，再停运行设备。

146. 脱硫废水处理系统包括哪 3 个分系统？

废水处理、加药、污泥处理。

147. 脱硫废水处理过程有哪些？

脱硫废水存入废水收集箱后由废水提升泵送入中和、沉降、絮凝箱（三联箱）处理，后经澄清池溢流至清水箱，在清水箱内经 pH 调整后达标排放。

148. 加药系统包括哪几个系统？

氢氧化钠系统、有机硫加药系统、絮凝剂加药系统、助凝剂加药系统、盐酸加药系统。

149. 为避免脱硫生产跑水，巡视中应该注意什么？

加强巡检地坑泵的运行情况及地坑的液位变化；地坑泵

和废水提升泵运行是否正常。

150. 除尘来水需启动废水提升泵时，应做的先期操作是什么？

除尘来水时务必及时启动各台设备的搅拌浆，并使其运转正常；同时将曝气风机投入运行。

151. 为避免脱硫生产跑水，最重要的工作是什么？

最重要的是联系工作。及时联系除尘脱硫集控室水量大小和液位情况，及各转动设备的运行情况。

152. 脱硫水处理酸碱已进入计量箱后，应掌握的操作是什么？

（1）进碱操作。

（2）进酸操作。

（3）启动酸碱计量间室内风机，确保计量间室内通风。

153. 脱硫系统指标标准是什么？

pH 值为 $6 \sim 9$；悬浮物 $\leqslant 70mg/L$；化学需氧量 $\leqslant 150mg/L$。

154. 废水收集箱搅拌器启动前的检查有哪些？

（1）确认废水收集箱的液位大于 1.0m。

（2）检查废水收集箱搅拌器，看其油位、油质是否正常。

155. 清水箱搅拌器启动前的检查有哪些？

（1）确认清水箱的液位大于 1.0m。

（2）检查清水箱搅拌器，看其油位、油质是否正常。

（3）各设备无电气故障。

156. 脱硫废水化学需氧量大于 150mg/L 时如何处理？

（1）检查曝气风机运行是否正常。

（2）联系检修开人孔，汇报分厂，开工作票，检查废水箱曝气是否正常，做好记录。

157. 玻璃仪器洗净的标志是什么？

（1）目视均一透明，无污点。

（2）器壁上的自来水被蒸馏水洗净。

（3）玻璃仪器内壁被水均匀润湿，无条纹水挂。

158. 什么是离子交换设备的反洗？

对于水流从上而下的固定床设备，在失效后，用与制水方向相反的水流由下往上对树脂进行冲洗，以松动树脂，去除污染物，这种操作叫作反洗。

159. 离子交换设备大反洗的条件有哪些？其目的是什么？

大反洗的条件：

（1）新装或补加树脂后。

（2）已运行 10 个周期的交换器。

（3）周期制水量明显下降。

（4）运行阻力明显增加。

目的：

（1）松动树脂层，为再生创造良好的条件。

（2）清除树脂层中积累的污物，破碎的树脂颗粒和气泡。

160. 什么是树脂的有机物污染？

有机物污染是指离子交换树脂吸附了有机物之后，在再生和清洗时，不能解吸下来，以至树脂中的有机物量越积越多的现象。

161. 体内再生混床的主要装置是什么？

体内再生混床的主要装置：上部进水装置、下部集水装置、中间排水装置、酸碱液分配装置、压缩空气装置和阴阳离子交换树脂装置等。

162. 影响离子交换器再生的因素有哪些？

（1）再生剂的种类及其纯度。

（2）再生剂的用量、浓度、流速、温度。

（3）再生方式。

（4）树脂层高度。

163. 交换器中树脂流失的原因有哪些？

（1）排水装置损坏，如水帽脱落或破裂、石英砂垫层乱层或塑料网套损坏等。

（2）反洗强度过大或反洗操作不当。

164. 树脂层进空气有什么影响？

树脂层进空气后，部分树脂就会被气泡所包围，再生液不能通过被气泡所包围的部分，因而使这部分树脂得不到再生，从而导致交换器出力下降，同时也造成水质不良。

165. 什么是"两票三制"？

"两票"指工作票、操作票。

"三制"指交接班制，巡回检查制，设备定期试验与轮换制。

166. 为什么要对逆流再生固定床的交换器定期进行大反洗？

逆流再生固定床平时再生时仅反洗表面压实层，但在多次运行后很难保证下部树脂不 被污染，因此必须定期对整个床体进行反洗即大反洗。

167. 弱酸性阳离子交换树脂有哪些特征？

弱酸性阳离子交换树脂的特征：再生效率高；对高价金属离子选择性大；离子交换容量大；树脂转型时体积变化大等。

168. 混合离子交换器和复合离子交换器相比的优缺点有哪些？

优点：

（1）出水水质优良。

（2）出水水质稳定。

（3）间断运行对出水水质影响较小。

（4）运行终点明显。

（5）混合离子交换器设备比复合离子交换器少，布置集中。

缺点：

（1）树脂交换容量利用率低。

（2）树脂损耗率大。

（3）再生操作复杂，再生时间长。

（4）为保证出水水质，需要投入较多再生剂。

169. 水泵在日常运行中会出现哪些异常声音？

（1）水泵汽蚀时会出现"噼啪"的爆裂声。

（2）小流量时会发出噪声。

（3）泵轴和电动机轴不同心将造成振动。

（4）轴承冷却效果不佳时，有摩擦声。

（5）泵、轴装配不佳会出现摩擦声。

（6）当水泵过载或卡涩或部件松动、损坏时，会出现撞击声。

170. 离心泵启动后，不及时开出口阀，为什么会发生汽化？

离心泵在出口阀关闭下运行时，因水送不出去，高速旋转的叶轮与少量的水摩擦，会使水温迅速升高，引起泵壳发热。如果时间过长，水泵内的水温升高并超过吸入压力下的饱和温度从而发生水的汽化。

171. 化学实验中如何选用滴定管？

（1）中性和酸性溶液使用酸式滴定管，酸式滴定管的考克小孔边缘处要涂少量凡士林以免漏药。

（2）碱性溶液应使用碱式滴定管。

（3）有些需要避光的溶液应采用棕色滴定管。

（4）测量少量体积液体或进行微量测定时，可用微量滴定管。

172. 滴定管如何正确读数？

（1）将滴定管垂直夹在滴定架上，使溶液稳定，视线与液面水平，对于无色或浅色溶液，应读取弯月面下缘最低点处。

（2）溶液颜色较深难以观察下缘时，也可以使视线与液面两侧的最高点相切，但初读与终读应用同一标准。

173. 银量法测定水中氯离子时，为什么要剧烈摇动锥形瓶？

因为在测定过程中，先生成的 $AgCl$ 沉淀容易吸附溶液中的氯离子，使终点提早出现。

充分摇动后可使吸附的氯离子与 K_2CrO_4 生成的铬酸银作用，避免终点提前到达而产生负误差。

174. 除碳器的工作原理是什么？

（1）CO_2 气体在水中的溶解度服从亨利定律，即在一定温度下气体的溶解度与液面上该气体的分压成正比。

（2）降低与水接触的气体中的 CO_2 的分压，溶解于水中的游离的 CO_2 便从水中解吸出来，从而将水中游离 CO_2 除去，除碳器就是根据这一原理设计的。

175. 沉淀滴定法对沉淀的要求有哪些？

（1）沉淀的溶解度必须很小，这样可保证被测沉淀组分沉淀完全。

（2）沉淀应是较大的粗形沉淀，便于过滤和洗涤，达到纯净的目的。

（3）沉淀在干燥或灼烧后有确定的化学组成，性质稳定，不受空气中的水分、CO_2 和 O_2 的影响。

（4）沉淀称量形式的分子量要大，而被测组分在称量形式中的含量尽可能的小，以利提高分析的准确度。

176. 计量泵运行时，运行人员应检查的项目是什么？

（1）应检查泵及电动机的发热情况，减速器、轴承及各部件的温度不允许超过 65℃，温度升高时应停用，查找原因。

（2）检查管道、阀门，应无泄漏现象，填料密封处的泄漏量不应超过 15 滴 /min。

（3）泵启动时，应仔细检查是否有异响，振动是否正常，压力、流量指示是否与行程、频率匹配。

（4）还应经常检查油位，定期换油。

177. 浮动式离子交换器运行中的注意事项有哪些？

（1）在运行过程中应保持床体的稳定运行，避免经常落、成床，造成树脂乱层。

（2）浮动式离子交换器的出力一般较大，树脂的装载量大，在运行 10 ~ 30 周期后，需要进行清洗。在运行中，如出水的阻力增大时，也需要检查是否树脂层内的碎树脂和悬浮物增多。

（3）在再生过程中，应注意顶部的树脂不要暴露在空气中，以免影响再生效果。

（4）在成床时，成床的流速不要小于 30m/h，以免发生乱层。

（5）交换器内的树脂要自然装实，如水垫层过高，容易乱层。

（6）在日常运行中，不应在整个床层失效后才进行再生，而应在保护层失效前就进行再生，使保护层中的树脂始终保持很高的再生度。

178. 为什么一、二级离子交换器对树脂层高有一定的要求？

（1）树脂层高度对离子交换器有一定的影响，因为树脂层过低，就没有保护层，在运行时，水中的盐类容易穿透树脂层，使出水水质达不到要求。

（2）如果树脂层过高，就会增加树脂层的阻力，同时也是不经济的。

179. 双层离子交换器内强、弱树脂有什么要求？

（1）双层离子交换器是一种逆流再生离子交换设备，具有逆流再生工艺特点，双层离子交换器内强弱型树脂分层必须明显，两种树脂要有足够的湿真密度差。

（2）弱型树脂粒径适当、均匀，具有足够的化学稳定性。

（3）强型树脂应有足够的机械强度，以免破碎变轻后影响两种树脂分层。

180. 离心水泵的工作原理是什么？

离心水泵在泵内充满水的的情况下，叶轮旋转产生离心力，叶轮槽中的水在离心力的作用下，甩向外圈、流进泵壳，再流向出水管。此时，叶轮中心的压力降低，当叶轮中心的压力低于进水管内的压力时，水在这个压力差的作用下由进水管不断流进泵内，这样，水泵不断地吸水并不断地将水送出。

181. 给水 pH 值不合格的原因是什么？

（1）除盐水加氨量不足；（2）加氨系统运行故障；（3）凝汽器泄漏。

182. 给水溶解氧不合格的原因是什么？

（1）除氧器运行不正常；（2）入口溶解氧过大；（3）取样管不严。

183. 凝结水 pH 值不合格的原因是什么？

（1）凝汽器泄漏；（2）除盐水加氨量过高或过低。

184. 蒸汽品质劣化的原因有哪些？

（1）炉水浓度过高蒸汽中携带水滴。

（2）减温水品质不合格。

（3）锅炉汽包水位超过极限或压力负荷不稳。

（4）锅炉加药浓度过大或速度过快。

（5）汽水分离装置和蒸汽清洗装置效果差。

185. 炉水磷酸盐处理的目的是什么？

在碱性沸腾的炉水中加入磷酸盐，并维持炉水的磷酸根含量在一定范围，使随给水进入锅炉内的硬度、硅酸根等盐类形成碱式磷酸钙和蛇纹石水渣，随锅炉排污排掉，从而防止锅炉内形成水垢。

186. 定量分析对取样有什么要求？为什么这样要求？

采样应根据分析对象，用不同的采样方法所取试样应有代表性。如过不这样要求，所进行的分析工作毫无意义，甚至得出错误的结论。

187. 什么是滴定终点？

在滴定过程中，指示剂的变色点称为滴定终点。

188. 给水外观浑浊，二氧化硅不合格的原因是什么？

（1）给水品质劣化。

（2）锅炉长期没有进行排污或排污量不足。

（3）锅炉负荷变化过大或刚刚启炉。

（4）取样管长期未冲洗或冲洗不彻底。

189. 硬度测定中水样 pH 值应是多少？

pH 值应在 10 左右。

190. 取样过程中，水样温度、流量是多少？

温度在 30 ～ 40℃，流量为 500 ～ 700mL/min。

191. 选择缓冲溶液的原则是什么？

所使用的缓冲溶液不能与反应物或生成物作用。

192. 锅炉水的协调 pH—磷酸盐处理一般适用哪些条件的锅炉？

（1）锅炉的给水以除盐水或蒸馏水作为补给水。

（2）与锅炉配套的汽轮机的凝汽器较严密，不会发生凝汽器泄漏的锅炉中，否则，pH—磷酸盐协调处理炉水标准难以维持。

193. 锅炉过热器内结盐的原因是什么？如何处理？

结盐的原因：由饱和蒸汽带出的各种盐类物质在过热器中发生两种状况，其一是当某种物质的携带量大于该物质在过热蒸汽中的溶解度时，该物质就会析出，沉积在过热器中形成盐垢。

处理方法：采用给水反冲洗。

194. 什么是化学除氧？

利用化学药品与水中的溶解氧发生反应，减少水中的溶解氧的方法。

195. 使用玻璃电极应注意什么？

（1）必须在有效期内。

（2）玻璃电极球泡很薄，防止与硬物碰撞产生破碎。

（3）表面应无污物、锈点。

（4）必须注意内电极与球泡之间不能有气泡停留。

196. 容量测定水样氯离子的基本原理是什么？

本法基于在 pH 值为 7 左右的中性溶液中，氯化物与硝酸银作用生成氯化银沉淀，过量的硝酸银与铬酸钾作用生成红色铬酸银沉淀，使溶液显橙色，即为滴定终点。

$$Cl^- + Ag^+ = AgCl \downarrow$$
$$2Ag^+ + CrO_4^{2-} = Ag_2CrO_4 \downarrow$$

197. 凝结水污染的主要原因有哪些？

（1）凝结气泄漏。

（2）金属腐蚀产物的污染。

（3）热电厂返回水的杂质污染。

198. 锅炉给水除氧有哪些方法？

（1）热力除氧；（2）化学除氧。

199. 定期冲洗水样取样器系统的目的是什么？

（1）冲走长管段运行中积存的沉积物、水渣等，防止污堵。

（2）清洗取样系统，阻止沉积物对水样产生的过滤作用而影响水样的真实性、代表性。

（3）活动系统设备，防止因长期的不操作而锈死失灵，影响正常的调整工作。

200. 影响化学反应速度的主要因素有哪些？

（1）浓度；（2）温度；（3）压强；（4）催化剂。

201. 炉内处理的目的是什么？

防止锅炉及热力系统结垢、积盐和腐蚀，保证机组安全运行。

202. 玻璃仪器洗净的标志是什么？

（1）目视均一透明，无污点。

（2）器壁上的自来水被蒸馏水洗净。

（3）玻璃仪器内壁被水均匀润湿，无条纹水挂。

203. 锅炉水易溶盐"隐藏"现象的危害有哪些？

（1）能与炉管上的其他沉积物，如金属腐蚀产物、硅化合物等发生反应，变成难溶的水垢。

（2）因其传热不良，在某些情况下也可直接导致炉管金属严重超温，以致烧坏。

（3）能引起沉积物下的金属腐蚀。

204. 炉水磷酸盐防垢的原理是什么？

（1）用加磷酸盐溶液的办法，使锅炉水中经常维持一定量的磷酸根。

（2）由于锅炉水处在沸腾条件下，而且它的碱性较强，因此，炉水中的钙离子与磷酸根会发生反应，生成的碱式磷酸钙是一种松软的水渣，易随锅炉排污排除，且不会黏附在锅内转变成水垢。

205. 什么是协调磷酸盐处理？

（1）协调 pH—磷酸盐处理是一种既严格又合理的锅内水质调节方法。

（2）它不仅能防止钙垢的产生，而且能防止锅炉炉管的腐蚀。

（3）实施这种锅内处理时，锅炉水水质调节的要点是使锅炉水磷酸盐和 pH 值相应地控制在一个特定的范围内，因此也称为炉水磷酸盐—pH 控制。

206. 为什么要进行锅炉排污？

（1）锅炉运行时，给水带入锅内的杂质，只有很少部分会被饱和蒸汽带走，大部分留在锅炉水中。

（2）若不采取一定措施，锅炉水中的杂质就会不断地增多，当锅炉水中的含盐量或含硅量超过允许数值时，蒸汽品质就会不良。

（3）锅炉水中的水渣较多，不仅会影响蒸汽品质，而且可能造成炉管堵塞，危及锅炉的安全运行。

207. 什么是循环水的浓缩倍率？

（1）为了将循环水中含盐量维持在某一个浓度，必须排掉一部分冷却水，同时要维持循环过程中水量的平衡，为此就要不断地补充新鲜水。

（2）新鲜水的含盐量和经过浓缩过程的循环水的含盐量是不相同的，两者的比值称为浓缩倍率。

208. 循环水的浓缩倍率越高越好吗？

（1）循环冷却水系统的水损失包括蒸发损失、风吹损失和排污泄漏损失，因此需要进行水的补充。

（2）如果将蒸发损失和风吹损失看作是不变的，那么减少排污就可以减少补充水量，使浓缩倍数升高，从节约用水的角度来讲，显然是很有好处的。

（3）随着冷却水的浓缩，水中的有害物质浓度升高，会引起更严重的腐蚀或结垢。同时，由于水在系统中停留时间长了，有利于微生物的繁殖，又加重污泥的沉积。

（4）要解决这些问题，需要投入更高的技术和费用，因此浓缩倍率不是越高越好。

209. 怎样正确进行汽水取样？

（1）取样点的设计、安装是合理的。取样管要用不锈钢或紫铜，不能用普通钢管或黄铜管。

（2）正确保存样品，防止已取得的样品被污染。

（3）取样前，调整取样流量在 500mL/min 左右。

（4）取样前，应冲洗取样管，并将取样瓶冲洗干净。

210. 什么情况下需要清洗反渗透？

一般情况下，当系统产水量下降 10% ～ 15%，或系统脱盐率下降 10% ～ 15%，或段间压差升高 10% ～ 15%，应清洗 RO 系统。

211. 水的硬度有哪几种？

（1）碳酸盐硬度：主要是由钙、镁的碳酸氢盐 [Ca(HCO$_3$)$_2$、Mg(HCO$_3$)$_2$] 所形成的硬度，还有少量的碳酸盐硬度。碳酸氢盐硬度经加热之后分解成沉淀物从水中除去，故亦称为暂时硬度。

（2）非碳酸盐硬度：主要是由钙、镁的硫酸盐、氯化物和硝酸盐等盐类所形成的硬度。这类硬度不能用加热分解的方法除去，故也称为永久硬度。碳酸盐硬度和非碳酸盐硬度之和称为总硬度。

212. 活性炭过滤器有什么作用？

（1）利用活性炭的活性表面除去水中的游离氯，以避免化学水处理系统中的离子交换树脂，特别是阳离子交换树脂受到游离氯的氧化作用。

（2）除去水中的有机物，如腐殖酸等，以减轻有机物对强碱性阴离子交换树脂的污染。

213. 什么是离子交换树脂的溶胀性？它与什么因素有关？

离子交换树脂是亲水性高分子化合物，当将干的离子交换树脂浸入水中时，其体积常常要变大，这种现象称为溶胀，使离子交换树脂含有水分。由于树脂具有这种性能，因而在其交换和再生过程中会发生胀缩现象，多次的胀缩就容易促使颗粒破裂。

影响离子交换树脂溶胀的因素如下：

（1）交联度。高交联度树脂的溶胀能力较低。

（2）活性基团。活性基团易电离，即交换容量越高，树脂的溶胀性越大。

（3）溶液浓度。溶液中电解质浓度越大，树脂内、外溶液的渗透压差反而减小，树脂的溶胀就小，所以对于"失水"的树脂，应将其先浸泡在饱和食盐水中，使树脂缓慢膨胀，不致破碎，就是基于上述道理。

一般来讲，强酸性阳离子交换树脂由 Na 型变成 H 型，强碱阴离子交换树脂由 Cl 型变成 OH 型，其体积均增加约 5%。

214. 新树脂为什么也要进行处理？如何处理？

新的离子交换树脂，因常含有少量低聚合物和未参加聚合反应的物质，除了这些有机物外，还往往含有铁、铝、铜等无机物质。因此，当树脂与水、酸、碱或其他溶液相接触时，上述可溶性杂质就会转入溶液中而影响水质。所以，新树脂在使用之前要进行处理。具体的处理方法如下：

（1）用食盐水处理。用 10% 的食盐水溶液，约等于被处理的树脂体积 2 倍，浸泡 20h 以上，然后放尽食盐水，用清水漂净，使排出水不带黄色。如果有杂质及细碎树脂粉末也应漂洗干净。

（2）用稀盐酸处理。用 2% ～ 5% 浓度的 HCl 溶液，约等于被处理树脂体积 2 倍，浸泡 4h 以上，然后放尽酸液，用清水洗至中性为止。

（3）用稀氢氧化钠溶液处理。用 4% 的 NaOH 溶液，约等于被处理树脂体积 2 倍，浸泡 4h，然后放尽碱液，用清水洗至中性为止。

215. 离子交换的过程是如何进行的？

离子交换进行的过程，可以用 H^+ 型树脂对于水中 Na^+ 进行交换为例，离子交换的过程分为以下五步进行：

（1）水中的 Na^+ 逐步扩散至树脂颗粒表面的边界水膜处，称为膜扩散。

（2）Na^+ 进入树脂颗粒内部的交联网孔并进行扩散，称为内扩散。

（3）Na^+ 与树脂中的交换基团相接触，并与交换基团上可交换的 H^+ 进行离子交换。

（4）被交换下来的 H^+ 从树脂颗粒内部的交联网孔中向树脂的表面扩散。

（5）H^+ 进一步扩散至树脂颗粒表面的边界膜处，并进入水溶液中。

由此可见，整个交换过程的速度取决于 Na^+、H^+ 的扩散速度。因此，要使离子交换过程迅速而有效地进行，就得设法使交换与被交换的离子扩散速度加快。

216. 强碱 I 型、II 型阴离子交换树脂有什么特点？

强碱 I 型阴离子交换树脂是用三甲胺 [$(CH_3)_3N$] 进行胺化处理得到的树脂，例如国产的 201×7 等阴树脂；强碱 II 型阴离子交换树脂是用二甲基乙醇胺 [$(CH_3)_2NC_2H_4OH$]

进行胺化处理得到的，例如国产的 D202 阴树脂等。

Ⅰ型阴树脂比Ⅱ型的碱性强，热稳定性好，氧化性能稳定，并且其季铵基团能在长时间内保持稳定。Ⅱ型树脂的耐热性能稍差，且季铵基团在使用的过程中会转化为弱碱基团，从而降低了强碱的交换能力。Ⅰ型的除硅能力比Ⅱ型强，如果水中 SiO_2 含量占阴离子总量四分之一以上时，宜选用Ⅰ型阴树脂，不宜采用Ⅱ型树脂。Ⅰ型树脂还可以用在水质要求较高的除盐系统中。但Ⅱ型树脂的工作交换容量比Ⅰ型大得多，再生时碱耗也低，而且水中氯离子对其交换容量的影响很小。当水中有较多氯离子存在时，Ⅰ型阴树脂的交换容量会明显降低。

217. 凝胶型与大孔型树脂有什么区别？

凝胶型树脂与大孔型树脂的主要区别在于它们的孔隙度不同。

用普通聚合法制成的离子交换树脂，是由许多不规则的网状高分子所组成，类似凝胶，所以称为凝胶型树脂。常见的凝胶型树脂，如苯乙烯系列的 001、201 等。

凝胶型树脂的孔隙度很小，一般都在 3nm 以下，而且这些孔隙并不是真正的孔，而是交联与水合多聚物凝胶结构之间的距离，它随运行条件而改变，在干的凝胶型树脂中，这种"孔"实际上是消失了。

凝胶型树脂浸入水中会发生溶胀，体积变大。这种溶胀性会使树脂的机械强度降低；同时，当凝胶型树脂在不同离子形态时，其膨胀率也会发生变化，这样就会因为树脂的反复膨胀、收缩而使树脂颗粒破裂。

大孔型树脂则不同，它的"孔"大于原子距离，而且不是凝胶结构的一部分，所以这个孔是真正的孔，其大小及形状不受环境条件而改变，因而在水溶液中不显示溶胀。

由于无机物离子的直径都很小（0.3～0.7nm），用普通的凝胶型树脂是完全可以除去；但当水中有有机物分子存在时，由于其分子很大（胶硅化合物的粒径可大于50nm，某些蛋白质分子为5～20nm），用普通凝胶树脂除去它们则有困难。而且再生时，这些被吸附的有机物也不易被再生下来，所以凝胶型树脂易于被有机物所污染。

由于大孔型树脂的孔径较大，在10～200nm以上，因此它能够比较容易地吸着高分子有机物，并且容易被再生下来，所以有较好的抗污染性。

大孔型树脂有交换容量较低，再生时酸碱用量大及价格较高等问题。

凝胶型树脂在聚合的时候，需要加入交联剂，并要控制交联剂数量上的变化，使得在树脂中形成相应的微孔，孔径为0.5～5nm。主要是用于吸附水中阴、阳离子，对有机物的吸附能力很弱。易污染老化，比表面积$<0.1m^2/g$干树脂。外观呈透明球状颗粒。

大孔型树脂是在合成的过程中，添加芳香烃、脂肪烃、醇类等有机溶剂，即所谓致孔剂，当树脂聚合后，除去上述溶剂，即在树脂里形成许多大孔。大孔树脂在湿态时呈不透明或乳白色，内表面积在$5m^2/g$以上，视密度与真密度之差大于$0.05g/cm^3$。大孔树脂在水处理中能起吸附、过滤作用，能去除有机物质、腐殖酸、木质磺酸等；还可除铁、去色并保护离子交换树脂免受污染，而延长交换树脂的使用寿命。在纯水制备过程中，如果主要起过滤作用，大孔型树脂要装在离子交换树脂或反渗透装置的前面；如果主要是用于吸附，大孔树脂宜于酸性水中进行吸附。

218. 树脂对使用的温度有何要求？

各种树脂均具一定的耐热性能，在使用中对温度要求都有一定的界限，过高或过低都会严重影响树脂的机械强度和交换容量。温度过低如不大于 0℃时，树脂易冻结，使机械强度降低，颗粒破碎，从而影响树脂的使用寿命、降低交换容量；温度过高，会引起树脂热分解，也影响树脂的交换容量及使用寿命。各种树脂的耐热性能应由鉴定试验来确定。但一般来说，阳树脂比阴树脂的耐热性能好。盐型树脂比 H 型或 OH 型好，而盐型又以 Na 型树脂耐热性能最好。一般的阳树脂可耐 100 ～ 110℃，阴树脂可耐 50 ～ 60℃（强碱性）。而弱碱阴树脂的耐热性能要比强碱性的好，一般可耐80 ～ 90℃。因此，树脂在使用时，对于水温要有严格的控制。

219. 对离子交换树脂要检测哪些项目？

检测离子交换树脂的目的：一是检验新树脂的质量；二是掌握树脂使用后的质量变化情况。故树脂使用前应有检测数据，使用后也应定期（半年）进行检测。

离子交换树脂检测之前要清洗和转型，阳树脂转为钠型，阴树脂转为氯型，以便于在统一的基础上分析比较。检测的项目如下：

（1）离子交换树脂的全交换容量。全交换容量是树脂性能的重要标志，交换容量越大，同体积的树脂能吸附的离子越多，周期制水量越大，相应的酸、碱耗量也就低，检测全交换容量也为了便于选择树脂。

（2）离子交换树脂的工作交换容量。工作交换容量是树脂交换能力的重要技术指标。是指动态工作状态下的交换容量，工作交换容量的大小与进水离子浓度、终点控制、树脂层高、交换速度等有关。因此，工作交换容量的测定具有重要的实用价值。

（3）离子交换树脂的机械强度。树脂在使用过程中相互摩擦，以及每一运行周期树脂的膨胀与收缩和表面承受压力，会使树脂破裂、粉碎，所以树脂机械强度的检测，关系树脂的使用寿命。

（4）离子交换树脂的密度检测。检测树脂的视密度用来计算离子交换塔所需湿树脂的用量。湿视密度一般为 $0.6 \sim 0.85 \text{g/mL}$；检测树脂的湿真密度是为了便于确定反冲洗强度大小，并且与混合床树脂分层有很大关系。湿真密度一般为 $1.04 \sim 1.30 \text{g/mL}$。

（5）离子交换树脂所含的水分。因为树脂交联网孔内都有一定量的水分，与树脂交联度及孔隙率有关，交联度越小，孔隙率则越大，因此，检测树脂水分计算出含水率，可以间接反映出树脂交联度的大小。一般树脂含水率约50%左右。

（6）离子交换树脂的颗粒度。颗粒大小对树脂交换能力、树脂层中水流分布的均匀程度、水通过树脂层的压力降以及交换与反洗操作等都有很大影响。树脂的颗粒度越小，其交换速度越大，水力损失也大，进、出水压差也越大。因此，颗粒度与运行操作有很大的关系。

（7）离子交换树脂的中性盐分解容量。检测树脂中性盐的分解容量主要是测定树脂中的强酸或强碱基团的组成。因此树脂交换基团的组成不同，使水中离子交换和吸附强度也不相同。另外，检测中性盐的分解也是测定树脂交换基团的离解能力。离解能力强的，离子交换速度快，否则，就慢。检测树脂中性盐分解容量对选用树脂很重要。

（8）离子交换树脂中灰分及铁含量。灰分和铁会沉积在树脂表面，堵塞孔隙，不易洗脱，长期积累会影响树脂交换能力和使用寿命。因此需要及时检测，采取措施。

（9）离子交换树脂的耗氧量。耗氧量主要是反映树脂受有机物污染的程度。树脂受有机物污染之后，清洗水耗量剧增，工作交换容量降低，出水水质差。检测树脂耗氧量，以判断树脂被污染的程度，及时采取有效措施。

220. 如何鉴别失去标签的树脂？

在实际工作中，由于对树脂保管不善，或是其他原因，失去了标签（志），分不清是阴树脂还是阳树脂，这时切不可贸然使用，必须设法予以鉴别，常用方法及步骤如下：

（1）取被鉴别的树脂样品 2mL，置于 30mL 的试管中，并用吸管吸去树脂层上部的水。

（2）加入 1mol/L 的 HCl 溶液 5mL。摇动 1～2min，并将树脂上部的清液吸去，重复操作 2～3 次。

（3）加入纯水清洗，摇动 1min，将树脂上部的清液吸去，重复操作 2～3 次，以去除过剩的 HCl。

经过上述操作之后，阳树脂转为 H 型树脂，阴树脂转为 Cl 型树脂。

（4）加入质量分数为 10% 的 $CuSO_4$ 水溶液 5mL（其中含 1%H_2SO_4，以酸化），摇动 1min，并按（3）步骤充分用纯水清洗。

经过上述处理之后，鉴别方法如下：

如果树脂变成浅绿色，则加入 2mL 5mol/L NH_4OH 溶液，摇动 1min。用纯水充分清洗，经此处理如果树脂颜色变为深蓝色，即为强酸性阳离子交换树脂；如果树脂的颜色仍为浅绿色，则为弱酸性阳离子树脂。

但如果经上述（1）～（4）步骤处理时树脂颜色不变，那么，需要采取下面方法及步骤：

（1）加入 1mol/L NaOH 溶液 5mL，摇动 1min，用倾泻法充分清洗。

（2）加入酚酞溶液 5 滴，摇动 1min，用纯水充分清洗。

经上述处理后，鉴别方法如下：

此时树脂的颜色有两种可能：一是仍然不变；二是变为红色。

如果是变为红色时，即为强碱性阴离子交换树脂。如果仍然不变颜色，需要采取下面的方法：

（1）加入 1mol/L 的 HCl 溶液 5mL 摇动 1min，然后用纯水清洗 2～3 次。

（2）加入 5 滴甲基红，摇动 1min，用纯水充分清洗。

经上述处理后，鉴别方法如下：

如果树脂呈桃红色，则为弱碱性阴离子交换树脂。如果树脂的颜色仍然不变，则为无离子交换能力的其聚物颗粒。

221. 阴阳离子交换树脂混杂后如何分离？

在实际工作中，常会遇到树脂混杂，需要设法分离。分离方法：将混杂的树脂浸泡在饱和食盐水溶液中，经过一定时间的搅拌，利用阴、阳树脂的相对密度不同，在饱和食盐水溶液中的浮、沉性能也不同。强碱性阴离子交换树脂会浮在上面层，强酸性阳离子交换树脂会沉于底层，以此予以分离。

222. 怎样判断树脂受油污染？

树脂受到油的污染，会产生"抱团"现象，这类污染大都发生在阳离子交换树脂。油附着于树脂上增加了树脂颗粒的浮力。被油污染的树脂颜色呈棕色至黑色。判断树脂是否受到油的污染，只要取少许树脂加水摇动 1min，观察水面是否有"彩色"出现，如果有"彩色"说明是油的污染。受油污染的树脂，是非离子型表面活性剂为主的碱性清洗剂处理最为有效。

223. 软化床再生时其树脂层上部为什么要有一定厚度的水层？

（1）缓冲作用。当再生液以一定流速通过树脂层时，由于水层的缓冲作用，不至于使再生液直接冲刷树脂层表面，造成其凸凹不平，这就避免了再生液因此而短路通过树脂层，从而影响再生效果。

（2）有使再生液均匀分配的作用。

（3）隔断作用。水层会隔断空气与树脂层的接触，避免了再生液通过树脂层时，由于其冲击作用而将空气挤压进树脂，而形成"空气栓"区，影响软化床的运行和再生效果。

树脂层上部的水层厚度一般为 200 ～ 300mm。

224. 为什么一级复床除盐处理不以阴床－阳床的顺序排列？

一级复床的除盐处理是以阳床－阴床的顺序排列，不可以颠倒为阴床－阳床的顺序排列，原因如下：

（1）阴离子交换树脂失效再生时，是用 NaOH 再生的，如果阴床放在前面，那么再生剂中的 OH 再生时，被吸附的阴树脂上，在运行时，遇到水中的阳离子（Ca^{2+}、Mg^{2+}、Fe^{3+} 等）产生反应，其结果是生成 $Ca(OH)_2$、$Mg(OH)_2$、$Fe(OH)_3$、$Ca(HSiO_3)_2$ 等的沉淀，附着的阴树脂的表面，阻塞和污染树脂，阻止其继续进行离子交换，而且难以清除。

（2）阴离子交换树脂的交换容量比阳离子交换树脂低得多，又极易受到有机物的污染，因此，如果阴床放在阳床之前，势必有更多机会遭受到有机污染，交换容量还会更低，对除盐水处理不利。

（3）除盐水处理最难点之一是除去水中的硅酸根 $HSiO_3^-$，是由强碱阴离子交换树脂去除的。但是硅酸根 $HSiO_3^-$ 在碱性水中是以盐型 $NaHSiO_3$ 存在的，而 $HSiO_3^-$ 在酸性水中是以硅酸（H_2SiO_3）形式存在的。强碱阴离子交换树脂对于硅酸的交换能力要比酸盐的交换能力大得多，即最好是在酸性水的情况下进行交换，而阳离子交换塔的出水刚好是呈酸性的水，因此，阴床设置在阳床之后，对去除水中的硅酸根十分有利。

（4）离子交换树脂的交换反应有可逆现象存在。这是反离子作用，所以要有很强的交换势，离子交换才比较顺利进行。把交换容量大的强酸阳树脂放在第一级，交换下来的 H^+ 迅速与水中的阴离子生成无机酸，再经过阴离子树脂交换下来的 OH^-，使 H^+ 与 OH^- 生成 H_2O，消除了反离子影响，对阴离子交换反应十分有利。

（5）阳离子交换器的酸性出水可以中和水中的碱度（HCO_3^-），生成的 HCO_3^- 可通过除碳器除去，所以阳床在前能够减轻阴床的负荷。

225. 什么是固定床？有什么特点？

所谓固定床，就是指水在交换床中不断地流过，进行离子交换，而床内树脂层是固定在一个交换器中，一般不将交换剂转移到床体外部进行再生。

固定床工艺有两个特点：（1）所用树脂量较大，但其利用率低。因为当交换床运行时，只有工作层树脂在工作，其余大部分树脂则经常充当"支撑"作用。而且当床内树脂无原则要再生前，其上部树脂已呈失效状态；（2）固定床的运行不是连续的，而是呈周期性的，从失效到再生合格前这段时间不能供水，所以需要备用供水设施。

从目前情况看，固定床工艺应用时间较长，工艺和技术都比较成熟，而且对水质的适应性强，树脂的损耗也比较小。所以固定床工艺仍旧是目前化学水处理的主要方法。

226. 阴床出水电导率始终较高是什么原因？

阴床经过再生后投入运行，但电导率始终较高，要使其降下来也比较难，发生此种情况的原因可能是：

（1）阳床的出水 Na^+ 含量太高，当超过 $500\mu g/L$ 时，阴床出水电导率升高比较明显。Na^+ 高，可能是阳床产生偏流泄漏 Na^+，或是制水周期将结束，树脂将要失效引起的。

（2）阴床前设有脱碳器的，要检查一下脱碳效率。有时可能由于 CO_2 未能去除，水中 HCO_3^- 含量高，增加了阴床的负荷，致使电导率升高。此外，还要检查一个周围的空气，是否受到污染，因为这些污染物质，可由鼓风机吸入溶于水中。如是氨厂，有时大气中有可能含氨，当鼓风机吸入后，在除碳器中溶于水，因而使水中 NH_4^+ 增加，以致影响阴床出水电导率的升高。

（3）阴床用 NaOH 再生后，没有置换好，或是正洗不彻底，Na^+ 残留于阴树脂中，当制水时释放于水中，也会使出水的电导率升高。

（4）由于疏忽，阴床混入了阳离子交换树脂，在阴床再生时，变成钠型树脂混杂在阴树脂中，而在制水时放出 Na^+，因此，阴床的出水电导率始终较高。

227. 如何从水质变化情况来判断阴、阳床即将失效？

在实际生产中，根据水质变化情况来判断阴、阳床的失效，以便及时采取必要的措施，是很有意义的。如在阴、阳床串联运行的系统中，阳床先失效，那么阴床出水的水质由于阳床的漏钠量增加，而使碱性（NaOH）增加，pH 值会升高，阴床去硅的效果显著降低，从而使阴床出水的硅含量升高，这时水的电导率也会升高，当发现上述水质情况变化时，表明阳床已失效。

如果在运行中阴床先失效，这时，由于有阳床出水的酸性水通过，因此，阴床出水的 pH 值下降，与此同时，集中在交换剂下部的硅也释放出来，使得出水硅量增加，此时，电导率的曲线会出现一个奇特的现象：先是向下降（误认为水质转好），十几分钟后，出现迅速上升。

228. 为什么有时阴床的再生效率低？

（1）再生时碱液的温度比较低，黏度大，化学活动性能差，再生效果差。但是加温也要适中，加温过高会使阴树脂的交换基团分解，树脂也会变质失效。因此，将碱加温的温度范围：对强碱性阴树脂（Ⅰ型）为 35 ～ 50℃，强碱性阴树脂（Ⅱ型）为 30 ～ 40℃；对于弱碱性阴树脂以 25 ～ 30℃ 为宜。在上述温度下，最容易置换阴树脂中的 $HSiO_3^-$，并可提高阴树脂的工作交换容量，再生液温度每提高 1℃，工作交换容量可以提高 0.6%，去硅效果可提高 1.7%。

（2）再生液中的杂质较多，如果碱液中 NaCl、Na_2CO_3 以及重金属等含量很高，也会使阴床的再生效率降低。有时候在储存或运输的过程中，进入较多的铁质，会使阴树脂受到污染，也会使再生效率降低。

（3）阴树脂的有机污染、聚合胶体硅的沉积等很难以再生来消除，因此再生的效率低。

（4）再生时，碱液的浓度低，再生的流速过慢，都会降低再生效果。

（5）阴树脂的化学稳定性较差，易受氧化剂的侵蚀，尤其是季铵型的强碱性阴树脂的季铵被氧化为叔、仲、伯胺，使交换基团降解，碱性减弱，再生效果差。

229. 电渗析的除盐原理是什么？

在用电渗析进行除盐处理时，先将电渗析器两端的电极接上直流电，水溶液就发生导电现象，水中的盐类离子在电场的作用下，各自向一定方向移动。阳离子向负极，阴离子向正极运动。在电渗析器内设置多组交替排列的阴、阳离子交换膜，此膜在电场作用下显示电性，阳膜显示负电场，排斥水中阴离子而吸附阳离子，在外电场的作用下，阳离子穿过阳膜向负极方向运动；阴膜显示正电性，排斥水中的阳离子，而吸附了阴离子，在外电场的作用下，阴离子穿过阴膜而向正极方向运动。这样，就形成了去除水中离子的淡水室和离子浓缩的浓水室，将浓水排放，淡水即为除盐水。这一过程为电渗析除盐原理。

230. 电渗析的除盐处理过程如何？

（1）反离子迁移过程。阳膜上的固定基团带负电荷，阴膜上的固定基团带正电荷。与固定基团所带电荷相反的离子穿过膜的现象称为反离子迁移。如在电渗析器中，淡室中的阳离子穿过阳膜、阴离子穿过阴膜进入浓室就是反离子迁移过程，这也是电渗析的除盐过程。

（2）同性离子迁移过程。与膜上固定基团带相同电荷的离子，穿过膜的现象称为同性离子迁移。由于交换膜的选择透过性不可能过到100%。因此，也存在着浓室中的阴离子会少量穿过阳膜，或阳离子穿过阴膜而进入淡室，数量虽少，但降低了除盐效率。

（3）电解质的浓差扩散过程。这是由于浓水室与淡水室的浓度差而引起的。其结果是由浓室的离子向淡室扩散。从而使淡室的含盐量增加，降低了除盐效率。

（4）压差渗透过程。由于浓、淡室的压力不同，由压力高的向压力低侧进行离子渗透，因此，如果浓室的压力过高，也会降低除盐效率。

（5）水的渗透过程。由于淡室中水的压力比浓室要大，因此，会向浓室渗水，使产水量降低。

（6）水的电渗透过程。由于水中离子是以水合离子的形式存在，因此伴随着离子的迁移，故有水的电渗透发生，使淡水产量降低。

（7）在运行时，由于操作不良而造成极化现象，使淡水室里的水发生离解，在直流电场的作用下，水离解产生的 H^+ 穿过阳膜，OH^- 穿过阴膜进入浓水室，在那里与 Ca^{2+}、Mg^{2+} 生成沉淀，也称为极化沉淀。故此，不仅电耗增加，而且还会造成沉淀等后果。

231. 氧水封的作用是什么？

氧侧系统设有氧水封，目的是防止设备停运时空气混入氧系统并起挡水、密封作用。

232. 石棉布在电解槽中的作用是什么？

石棉布的作用是隔绝电解小室内氢、氧气体。

233. 冷凝器的作用是什么？

氢气分离器上部设有冷凝器，氢气在此进一步降温、脱水，冷凝下来的水又通过进气口回到分离器中，氢气从冷凝器出来后经输气管路去电动调节阀。

234. 砾石挡火器置于什么位置？

砾石挡火器置于氢气放空出口处。

235. 砾石挡火器的作用是什么？

砾石挡火器的作用是当系统超压、安全阀动作，气体排出口处发生火灾时，可阻止火焰延续烧到系统内部而造成事故。

236. 碱液过滤器的作用是什么？

碱液过滤器作用是清除电解液中机械杂质，使电解液保持清洁。

237. 碱液罐的作用是什么？

碱液罐的作用是配制和储备电解液。

238. 硅整流装置的作用是什么？

硅整流装置的作用是将交流电变成直流电（供电解槽工作的直流电）。

239. 人体的安全电流（交流和直流）是多少？

根据电流作用对人体的表现特征，确定 $50 \sim 60Hz$ 的交流电 $10mA$ 和直流电 $50mA$ 为人体的安全电流。

240. 安全电压有几种？电压数值是多少？

我国确定的安全电压有三种：分别为 $36V$、$24V$、$12V$。

241. 氢储罐为安全运行，要求储气罐上有哪些设施？

考虑到氢储罐的安全运行，要求在储气罐上设置安全阀、压力表、安全放散管、放水装置等设施。安全阀应连接装有挡火器的放散管。

242. 为什么配制好的电解液不宜长期与空气接触？

氢氧化钾电解液很容易吸收空气中的二氧化碳，生成碳酸钾，使电解液中的碳酸盐含量增大。当温度降低时，碳酸盐颗粒又被析出，沉积于电解池或其他小管中，发生堵塞现象，所以，配制好的电解液不宜与空气长期接触。

243. 氢站自动监控系统对哪些参数进行监控？

氢站自动监控系统对氢氧压差、工作压力超限、原料水补充、氢气纯度超限、工作温度设有自动监控系统。

244. 直流电源使用环境应满足什么条件？

直流电源使用环境应满足：最高温度≤40℃；最低温度-30℃；相对温度≤85%；无腐蚀性气体、尘埃小、空气流通的室内。

245. 为什么氢气生产间必须要有良好的自然通风？

因为氢气要通过阀门、管道及设备的密封处向外泄漏，如果自然通风不好，氢气将在室内集聚，并有发生爆炸的危险，所以氢气生产间要保持良好的自然通风。

246. 电解液中加入重铬酸钾的方法是什么？

重铬酸钾的加入方法：可先将重铬酸钾研成细粉，用加热了的电解液溶解，然后倒入已配制好的电解液中进行搅拌。

247. 发电机氢气冷却有哪些优点？

（1）通风损耗低，机械效率高；（2）散热快，冷却效率高，因为氢气的导热系数大，扩散性好，能将热量迅速导出，通常能使发电机的温升降低10～15℃；（3）由于氢冷发电机内充入的氢气中含氧量小于2%，此气体不助燃，所以一旦发电机绕组被击穿，着火的危险性很小。

248. 发电机氢气冷却有哪些缺点？

（1）氢气的渗透性很强，易于扩散泄漏，所以发电机外壳必须有很好的密封；（2）氢气与空气能形成危险爆炸性气体，因此，在用氢气冷却的发电机四周，应严禁明火；（3）采用氢气冷却必须设置制氢的电解设备、控制系统及储备系统。

249. 为什么发电机要采取强制冷却的方法？

为了保证发电机能在绕组绝缘材料允许的温度下长期运行，必须把发电机运行所产生的热量及时导出，否则，发电机的温升就会继续升高，使绕组绝缘下降、发电机的绝缘电阻下降，甚至烧毁，影响发电机的正常运行。因此，必须连续不断地将发电机产生的热量导出，这样就需采取强制冷却的方法。

250. 电解制氢的原理是什么？

DQ—10/1 是采用电解水的方法制取氢气和氧气，其工作原理是将充满电解液的电解槽通入直流电流，对水进行分解，在阴极上析出氢气，在阳极上析出氧气。

反应方程式：$2H_2O_2 \xrightarrow{\text{电解}} 2H_2 \uparrow + O_2 \uparrow$

251. 电解制氢的工艺流程是什么？

电解槽在直流电流作用下在阴极析出的氢气和在阳极析出的氧气分别由框架上的支气道汇集在各自的主气道中，由主气道氢气和氧气经各自的出气管进入氢分离器和氧分离器，在分离器中气、液进行分离，分离后氢气由此进入冷凝器，进一步降温、脱水，并由此经氢电动调节阀输出；氧气离开分离器后经氧电动调节阀后放空。由氢、氧气体带入分离器的碱液，在分离器内由冷却器进行冷却，再经 U 形管汇合，流经碱液过滤器由底部回到电解槽内，构成电解液闭合循环。

252. 哪些原因能造成电解槽氢、氧出器口温差大于 5℃？

（1）有一分离器冷却水未开或开度不够。

（2）有一出口堵塞，造成单路循环。

(3) 有一出气口运行不畅,循环不好。

(4) 有一侧碱液堵塞,造成单路循环。

253. 哪些异常情况下如处理无效应停止设备运行?

(1) 电气设备短路或出现打火、爆鸣、电压急剧上升时。

(2) 气体纯度急剧降低。

(3) 电解槽严重漏气、漏碱时。

(4) 压力急剧增高或氢气、氧气之间的压差出现异常时。

(5) 电解槽温度超过 85℃或电解液停止循环。

254. 分离器的作用是什么?

(1) 通过冷却充分分离电解液和气体,并使之返回电解槽,完成一次碱液循环。

(2) 保证电解槽在满负荷或空载时始终充满电解液。

255. 电解液中杂质的存在有哪些危害?

电解液中杂质的存在对水电解有很大的影响。Cl^-、SO_4^{2-} 能强烈腐蚀镍电极,Fe^{2+} 附着于石棉布隔膜和阴极上,能增大电解池电压;CO_3^{2-} 能恶化电解液的导电度,含量过高会析出结晶;Ca^{2+}、Mg^{2+} 能生成 $CaCO_3$、$MgCO_3$ 沉淀,堵塞进液孔和出气小孔,造成电解液循环不良。

256. 为什么配制电解液时要加入重铬酸钾?

重铬酸钾是一种强氧化剂,在强碱性溶液中,可对铁、镍金属材料产生缓蚀作用,从而使电解过程稳定,腐蚀减弱。

257. 为什么要定期清洗电解槽?

电解槽如不清洗,常出现小室电压过高或过低以及气体纯度下降的现象,所以,定期清洗电解槽对稳定气体纯度有一定效果。

258. 发电机真空置换法的置换顺序是什么？

（1）发电机启动时的置换顺序：空气→抽真空→氢气。

（2）发电机停机时的置换顺序：氢气→抽真空→空气。

259. 电缆燃烧的特点是什么？

电缆燃烧的特点是烟大、火小；火势自小到大发展很快。需要特别注意的是塑料电缆、铝包纸电缆、充油电缆或沥青环氧树脂电缆等，燃烧时都会产生大量的浓烟和有毒气体。

260. 发电机中间介质置换法的置换顺序是什么？

（1）发电机启动时的置换顺序：空气→二氧化碳（氮气）→氢气。

（2）发电机停机时的置换顺序：氢气→二氧化碳（氮气）→空气。

261. 发电机真空置换充气时的化学监督是什么？

充氢时在二氧化碳母管上取样门取样，氢气纯度应在96%以上，含氧量不大于2%时为充氢合格。

262. 为什么组装电解槽的电解池的数量不宜过多？

因为电解池数量增加时，槽体长度相应增加，这不仅使组装夹紧困难，而且电解液不易均匀分布于每个电解池中，使电解液循环不好；另外还会引起槽电压增大，容易出现漏电、打火等问题。所以组装电解槽的电解池的数量不宜太多。

263. 为什么做吸收氧气试验时温度不应低于15℃？

因为用来吸收氧气的焦性没食子酸钾溶液的吸收速度随温度的升高而加快，在0℃时，几乎不吸收，所以吸收氧气时温度不应低于15℃。

264.氨区系统及所产氨气功用是什么？

氨区为氨气供应区的简称，主要作用是卸载、储存合格的液态氨，并向 SCR 脱硝系统反应区提供合格的氨气。在反应区中，氨气作为还原剂，在催化剂的催化作用下，与烟气中的污染物氮氧化物（NO、NO_2）发生氧化还原反应，生成对环境没有污染的 N_2 和 H_2O，达到脱除烟气中污染物的目的。

265.氨区由哪些系统组成？

氨区主要由液氨卸载、液氨储存、氨气制备和氨气供应系统组成。此外，还设置有事故氨吸收系统、液氨储罐降温系统、液氨（氨气）泄漏雨淋阀组喷淋稀释系统、氮气吹扫系统、废水汇集输送系统。

266.氨区由哪些设备组成？

液氨卸载系统主要设备为卸氨压缩机和液氨装卸臂；液氨储存系统主要设备为液氨储罐；氨气制备系统主要设备为液氨供应泵、液氨蒸发器；氨气供应系统主要设备为氨气缓冲罐。

267.氨区在什么部位设置有氮气吹扫管线？

液氨装卸臂、液氨输送管线、液氨储罐、液氨供应泵、液氨蒸发器、氨气缓冲罐等处备有氮气吹扫管线。

268.氨区蒸汽疏水排放地点有哪些？

液氨蒸发器中蒸汽加热液氨后产生的疏水排至废水池；厂房采暖蒸汽疏水汇集脱硫疏水罐。

269.氨区在哪些地点布置氨气泄漏检测仪？

氨区的液氨卸料区、液氨储罐区、液氨工艺间均布置有在线氨气泄漏检测仪，以检测是否有氨气的泄漏，并显示空气中氨气的浓度。

270. 氨区操作员站配备有哪些防护用品?

氨区操作员站配有正压式空气呼吸器、防化服、封闭式防毒面具、防氨手套、防护靴等保证工作人员安全的防护和应急器具。

271. 氨区对操作工具有何要求?

操作工具除专用操作把手外,其余工具均为铜质。

272. 氨系统气体置换遵循哪些原则?

(1)确保连接管道、阀门有效隔离。

(2)氮气置换氨气时,取样点氨气含量应为 0。

(3)氮气置换氨气时,取样点含氧量应小于 0.5%。

273. 如何降低液氨储罐的温度?

氨区各储罐上方均设置了喷淋降温管道,当氨罐表面温度达到 40℃或罐内温度达到 38℃时,喷淋管道上的电动开关阀会自动打开,工艺水会淋到罐体表面,用于降低罐体表面温度。

274. 稀释水罐如何运行维护?

氨气稀释罐内水 2 个月定期排空一次,通过放净管道放空。稀释罐内水应每半个月检测一次,送至试验室检查氨水浓度。当浓度大于 5% 时,将水排空置换新水。

275. 废水池如何运行维护?

废水排入废水池内,当水位高时,废水泵会自动开启排水至灰渣池。废水泵 1 用 1 备,当 1 台泵故障时,会自动切换至另 1 台工作。

276. 氨区事故喷淋设置的具体位置是什么?

(1)液氨储罐、工艺设备间区域布置有消防水喷淋系统。

(2)液氨储罐布置有工业水降温喷淋系统。

277. 消防喷淋系统的作用是什么？

液氨储罐、工艺设备间区域均布置有在线氨气泄漏检测仪并与位于操作间内的消防控制报警器联锁，以检测空气中是否有氨气的泄漏，并显示氨气的浓度。当测得空气中氨气浓度超过设定值时消防喷淋系统自动开启喷出消防水雾，稀释泄漏出的氨气。

278. 消防喷淋系统的动作与恢复条件是什么？

（1）当液氨储罐区域在线氨气泄漏检测仪中任一传感器（共 2 个，2 取 1）检测到空气中氨气浓度超过 $60mL/m^3$ 时，液氨储罐侧雨淋阀组动作，开始喷水。

（2）当工艺设备间在线氨气泄漏检测仪中任一传感器（共 2 个，2 取 1）检测到空气中氨气浓度超过 $60mL/m^3$ 时，工艺设备间侧雨淋阀组动作，开始喷水。

（3）任一雨淋阀组动作后，需该区域所有传感器检测数值均 $< 25mL/m^3$ 后才能复位，停喷水。

279. 降温喷淋系统的动作与恢复条件是什么？

（1）当任一液氨储罐任一温度传感器检测到氨罐表面温度达到 40℃ 或罐内温度达到 38℃ 时（共 2 处，2 取 1），该储罐工业水降温喷淋装置动作。

（2）任一储罐工业水降温喷淋装置动作后，需该储罐所有探头检测数值均 $< 35℃$ 时才能复位，停止喷水。

280. 氨的爆炸性是什么？

氨与空气混合会形成易爆混合物。如氨气中混有油或其他可燃性物质会引发火灾。与空气混合的爆炸下限为 15.7%，上限为 27.4%，最易引燃浓度为 17% 左右。氨区的照明和电气设备必须按照规范防爆和接地。

281. 对出入氨区人员有哪些管理规定？

（1）脱硝氨区由化学专业氨站运行值班员定期巡回检查。

（2）因工作需要进入氨区的生产管理、运行、检修、运输等人员，必须经化学氨站运行值班员许可后方可入内，化学氨站运行值班员全程监护。

（3）严格执行氨区登记准入制度。除氨站运行值班员外，任何人员每次进、出氨区都必须进行登记。

（4）氨站运行值班人员必须按规定时间认真巡检氨区设备并做好记录。其他人员进入氨区巡查或检修时，每次中途离开或工作结束，必须联系氨站运行人员将门锁好后才能离开。

282. 对氨区门锁、钥匙有哪些管理规定？

氨区门锁钥匙存放在氨站操作间，由当值运行人员负责管理，按值移交，任何人员不得私自取用。管理、检修人员需进入氨区巡检、作业时，须事先联系氨站运行值班人员开门。

283. 各级非本公司的安全检查人员进入氨区有哪些管理规定？

各级非本公司的安全检查人员进入氨区必须由质量安全环保部人员陪同。学习、实习人员必须由所在部门（外来人员由归口管理部门）组织进行液氨特性及防火、防爆规定培训合格并经质量安全环保部、运行部批准后方可进入。氨区一律不接待外来参观人员。

284. 对进入氨区所有人员有哪些要求？

进入氨区的所有人员禁止穿可能产生静电的合成纤维衣服或带铁钉的鞋；必须事先关闭手机、非防爆对讲机等非防爆无线通信工具；交出所有火种、非防爆手电筒等，并存放在专用箱内。进入氨区前先观察风向标，确定异常情况逃生方向。进入氨区前要先释放静电，进入液氨储存区、蒸发区工作前，要先释放静电并查看洗眼器的位置。

285. 人体接触氨气的应急处理措施是什么？

（1）皮肤接触：立即脱去污染的衣服，放入双层塑料袋中，皮肤用 2% 的硼酸溶液或大量的清水彻底冲洗，并立即就医。若冲洗后仍有过敏或烧伤，应进行治疗。

（2）眼睛接触：立即提起眼睑，用大量流动清水或生理盐水彻底冲洗眼睛至少 15min，并立即就医。

（3）呼吸道接触：迅速脱离现场至空气新鲜处，保持呼吸道畅通，如呼吸困难，进行输氧；如呼吸停止，立即进行人工呼吸，并迅速就医。

（4）体内接触：立即喝大量的水，稀释吸入的氨，并尽可能快送医院治疗。

286. 液氨泄漏的危害有哪些？

液氨发生泄漏时，液氨会迅速汽化，由液态变为气态，体积迅速扩大，没有及时汽化的液氨以液滴的形式雾化在蒸气中；在泄漏初期，液氨部分蒸发，使得蒸气的云团密度高于空气密度，易形成大面积染毒区和燃烧爆炸区，需及时对危害范围内的人员进行疏散，并采取禁绝火源措施。

287. 氨区操作须注意哪些事项？

氨站严禁吸烟，严加密闭，提供充分的局部排风和全面通风。氨站操作人员必须经过专门培训，严格遵守操作规程，人员佩戴过滤式防毒面具（半面罩），戴化学安全防护眼镜，穿防静电工作服，戴橡胶手套，使用防爆型的通风系统和设备；禁止使用易产生火花的机械设备和工具。应避免氨与氧化剂、酸类、卤素等接触。

288. 氨区泄漏的处理原则是什么？

氨区泄漏的应急处理原则是"救人第一，救物第二""防止扩散第一，减少损失第二"。

289. 氨区安全管理预防的重点是什么？

氨区安全管理预防的重点是防泄漏和防爆。

290. 发生火灾、爆炸事故处理时，对疏散距离有何要求？

发生火灾、爆炸事故处理，白天疏散范围800m，夜间则为2300m。

291. 特殊天气对卸氨操作有何要求？

如遇闪电、雷击、大雨、大风（6级以上）天气，或卸氨区周围30m范围内有明火、易燃、有毒介质泄漏及其他不安全因素时，应立即停止（或不得进行）卸氨操作。

292. 氨泄漏引起着火时如何扑救？

氨泄漏引起着火时，不可盲目扑灭火焰，必须遵循"先控制、后消灭"的原则，首先设法切断气源，再灭火。若不能切断气源，则禁止扑灭泄漏处的火焰，必须喷水进行冷却。

293. 对氨区作业人员有哪些要求？

氨区作业人员必须经过专业培训，熟悉系统，熟悉液氨物理、化学特性和危险性，并经考试合格，按照政府等部门的规定持证上岗。

294. 在氨区作业时什么情况下应办理"一级动火工作票"？

氨区半径30m范围内严禁明火和散发火花。确因工作需要动用明火或进行可能散发火花的作业，应办理"一级动火工作票"。动火作业前必须进行可燃气体测试，应低于爆炸下限的 20%，合格后方能准许动火。

295. 发生严重氨泄漏风险的部位在哪里？

从目前火力发电厂氨脱硝系统设计看，发生严重泄漏风险的部位在卸料接口以及与液氨储罐直接连接的第一道法兰、阀门。

296. 长时间停运的系统，在每次启动前必须进行哪项操作？

（1）用 N_2 对氨管路进行吹扫置换，吹扫压力为 0.3 ~ 0.5MPa。

（2）加压重复 2 ~ 3 次即可。

（3）系统含氧量必须低于 0.5%。

297. 出现氨泄漏时应注意事项有哪些？

出现氨泄漏时，人员撤离需根据风向标的风向，向上风侧快速移动。抢险人员进入泄漏现场抢救伤员时，必须佩戴不通气的护目镜、橡皮手套、正压式呼吸器、防护服。对伤员用尽可能多的水，不停地冲洗，不要重复使用用过的水，立即安排运送伤者到医院救治。

298. 液氨蒸发器检查项目有哪些？

检查液氨蒸发器温度、压力、液位，表面清洁无杂物，热媒液位在筒体液位 2/3 以上，出口压力 0.25 ~ 0.35MPa，氨气出口温度 35 ~ 60℃。

299. 供氨系统工作原理是什么？

利用蒸汽加热热媒（工业水），热媒再将盘管里的液氨蒸发为氨气，然后经氨气缓冲罐送至氨 / 空气混合系统。

300. 抢险人员进入氨泄漏现场抢救伤员时，必须佩戴哪些防护用具？

抢险人员进入泄漏现场抢救伤员时，必须佩戴不通气的护目镜、橡皮手套、正压式呼吸器并且穿防护服。

301. 氨的气味、爆炸极限、人体的容许浓度是什么?

在常温常压下,氨是无色透明的气体,并具有刺激性的气味。与空气混合的爆炸下限是 16%,上限是 25%,最易引燃浓度是 17%。人体的容许浓度为 $50mL/m^3$。

302. 进氨系统的原理是什么?

液氨的供应由液氨槽车运送,利用卸料压缩机抽取液氨储罐中的氨气,在槽车和液氨储罐间形成压差,将槽车的液氨推挤入液氨储罐中。

303. 液氨会对身体造成烧伤,不可以给伤者用哪些物品?

液氨会对身体造成更进一步的烧伤,不可以给伤者用膏药、面霜或任何油膏。

304. 卸料压缩机温度异常升高或进气压力表异常降低的原因有哪些?

（1）过滤器堵塞。

（2）进气阀门未全开。

（3）进气管线有堵塞。

（4）四通阀手柄位置不对。

（5）气阀阀片卡死或损坏。

305. 氨区的防护用品和防护器材应包括哪些?

氨区的防护用品主要有过滤式防毒面具、防静电服、防静电安全鞋、防护手套、正压式空气呼吸器、耐酸碱防护服等。氨区主要的防护器材包括洗眼器、静电消除器、灭火器等。

306. 液氨罐区可能造成的安全与环境事故类型有哪些?

容器爆炸、其他爆炸（或物理爆炸、化学爆炸）、灼烫、中毒与窒息、环境污染、泄漏等。

307. 氨系统发生泄漏的处理原则是什么？

（1）立即查找漏点，快速进行隔离。

（2）严禁带压堵漏。

（3）如产生明火时，未切断氨源前，严禁将明火扑灭。

（4）当不能有效隔离且喷淋系统不能有效控制氨向周边扩散时，应立即启用消火栓、消防车加强吸收，并疏散周边人员。

308. 氨区设备检修注意事项有哪些？

氨区设备检修必须办理工作票，如需要动火必须办理"一级动火工作票"，并对工作区域氨气含量进行实时测定，氨含量必须小于 $20mL/m^3$；氨区检修工作时，必须选用防爆工具。检修人员必须佩戴过滤式防毒面具和防护手套。

309. 氨的化学性质是什么？

可燃性、爆炸性、腐蚀性。

310. 在氨站进行检修操作时使用的工具有何要求？

应使用铜制防爆工具，以防止火花产生，若必须使用钢制工具，应涂上黄油。

311.《防止电力生产事故的二十五项重点要求》（以下简称《二十五项反措》）中对液氨储罐区设计有哪些要求？

液氨储罐区须由具有综合甲级资质或者化工、石化专业甲级设计资质的化工、石化设计单位设计。储罐、管道、阀门、法兰等必须严格把好质量关，并定期检验、检测、试压。

312.《二十五项反措》中对液氨储罐充装有何要求？

加强液氨储罐的运行管理，严格控制液氨储罐充装量，液氨储罐的储存体积不应大于 50% ～ 80% 储罐容器，严禁过量充装，防止因超压而发生罐体开裂或阀门顶脱、液氨泄漏伤人。

313.《二十五项反措》中对液氨储罐区喷淋有何要求？

在储罐四周安装水喷淋装置，当储罐罐体温度过高时自动淋水装置启动，防止液氨罐受热、曝晒。

314.《二十五项反措》中对液氨储罐区检修工作有何要求？

检修时做好防护措施，严格执行动火票审批制度，并加强监护和防范措施，空罐检修时，采取措施防止空气漏入管内形成爆炸性混合气体。

315.《二十五项反措》中对防静电措施有何要求？

严格执行防雷电、防静电措施，设置符合规程的避雷装置，按照规范要求在罐区入口设置放静电装置，易燃物质的管道、法兰等应有防静电接地措施，电气设备应采用防爆电气设备。

316.《二十五项反措》中对槽车装卸有何要求？

完善储运等生产设施的安全阀、压力表、放空管、氮气吹扫置换口等安全装置，并做好日常维护；严禁使用软管卸氨，应采用金属万向管道充装系统卸氨。槽车卸车作业时应严格遵守操作规程，卸车过程应有专人监护。

317.《二十五项反措》中如何进行液氨储罐的管理？

加强管理、严格工艺措施，防止跑、冒、漏；充装液氨的罐体上严禁实施焊接，防止因罐体内液面以上部位达到爆炸极限的混合气体发生爆炸。坚持巡回检查，发现问题及时处理，避免因外环境腐蚀发生液氨泄漏。

318.《二十五项反措》中如何做好氨区的安全防护？

设置符合规定要求的消防灭火器材，液氨储罐区应设置风向标，及时掌握风向变化；发生事故时，应及时撤离影响范围内的工作人员，氨区作业人员必须佩戴防毒面具，并及时撤离影响范围内的人员。

319.《二十五项反措》中如何做好氨区的个人安全防护？

正确穿戴劳动防护用品，严禁穿戴易产生静电服装，作业人员实施操作时，应按规定佩戴个人防护品，避免因正常工作时或事故状态下吸入过量氨气。

320.《二十五项反措》中对液氨运输车辆有何要求？

液氨厂外运输应加强安全措施，不得随意找社会车辆进行液氨运输。电厂应与具有危险货物运输资质的单位签订专项液氨运输协议。

321.《二十五项反措》中对氨区控制室和配电间设置有何要求？

由于液氨泄漏后与空气混合形成密度比空气大的蒸气云，为避免人员穿越"氨云"，氨区控制室和配电间出入门口不得朝向装置间。制定应急救援预案，并定期组织演练。

322.《二十五项反措》中对氨区防爆设施有何要求？

氨区所有电气设备、远传仪表、执行机构、热控盘柜等均选用相应等级的防爆设备，防爆结构选用隔爆型（Ex-d），防爆等级不低于IIATI。

323.《二十五项反措》中危险化学品专用仓库应安装哪些设施？

危险化学品专用仓库必须装设机械通风装置、冲洗水源及排水设施，并设专人管理，建立健全档案、台账，并有出入库登记。化学实验室必须装设通风和机械通风设备，应有自来水、消防器械、急救药箱、酸（碱）伤害急救中和用药、毛巾、肥皂等。

324.《二十五项反措》中有毒、有害物质的场所应配备哪些设施？

可能产生有毒、有害物质的场所应配备必要的正压式空气呼吸器、防毒面具等防护器材，并应进行使用培训，确保其掌握正确使用方法，以防止人员在灭火中因使用不当中毒或窒息。正压式空气呼吸器和防火服应每月检查一次。

325.《二十五项反措》中进入氨区有哪些要求？

进入氨区，严禁携带手机、火种，严禁穿带铁掌的鞋，并在进入氨区前进行静电释放。

326.《二十五项反措》中对压缩机房有哪些要求？

氨压缩机房和设备间应使用防爆型电气设备，通风、照明良好。

327.《二十五项反措》中对压力容器维修有何要求？

压力容器内部有压力时，严禁进行任何修理或紧固工作。

328.《二十五项反措》中对运行中的压力容器有何要求？

运行中的压力容器及其安全附件（如安全阀、排污阀、监视表计、联锁装置、自动装置等）应处于正常工作状态。设有自动调整和保护装置的压力容器，其保护装置的退出应经单位技术总负责人批准。保护装置退出后，实行远控操作并加强监视，且应限期恢复。

329.《二十五项反措》中应保证氨区哪些设备无泄漏？

氨区的卸料压缩机、液氨供应泵、液氨蒸发槽、氨气缓冲罐、氨气稀释罐、储氨罐、阀门及管道等无泄漏。

330.《二十五项反措》中对新建、改造和大修后的脱硝系统有何要求？

新建、改造和大修后的脱硝系统应进行性能试验，指标未达到标准的不得验收。

 **HSE 知识**

（一）名词解释

1. **燃烧**：通常所说的燃烧是指物质在较高温度与氧气化合而发热和发光的激烈氧化反应现象。

2. **闪燃**：在一定温度下，易燃、可燃液体表面上的蒸气和空气的混合气体与火焰接触时，能闪出火花，但随即熄灭，这种瞬间燃烧的过程称为闪燃。

3. **自燃**：可燃物质在没有外部明火焰等火源的作用下，因受热或自身发热并蓄热所产生的自行燃烧的现象。

4. **着火**：可燃物受外界火源直接作用而开始的持续燃烧。

5. **爆燃**：可燃物质（气体、雾滴和粉尘）与空气或氧气的混合物由火源点燃，火焰立即从火源处以不断扩大的同心球，自动扩展到混合物存在的全部空间，这种以热传导方式自动在空间传播的燃烧现象称为爆燃。

6. **爆炸极限**：当可燃气体、可燃粉尘或液体蒸气与空气（氧气）混合达到一定浓度时，遇到火源就会爆炸，这个浓度范围称为爆炸浓度或爆炸极限。

7. **火灾**：在时间或空间上失去控制的燃烧造成的灾害。

8. **冷却法**：将灭火剂直接喷射到燃烧物上，以降低燃烧物温度于燃点以下，从而使燃烧停止的方法。

9. **窒息法**：采取适当的措施，阻止空气进入燃烧区或用惰性气体冲淡，稀释空气中的含氧量，使燃烧物质因缺氧而熄灭的方法。

10. **隔离法**：隔离是将可燃物与助燃物、火焰隔离，控制火势蔓延的方法。

11. **高处作业**：凡是在坠落高度基准面 2m（含 2m）以上，有可能坠落的作业称为高处作业。

12. **危险化学品**：具有易燃、易爆、有毒、腐蚀、放射性等危险特性，在生产、储存、运输、使用和废弃物处置过程中极易造成人身伤亡、财产损失、污染环境的化学品。

13. **噪声**：物体的复杂振动由许许多多频率组成，而各频率之间彼此不成简单的整数比，这样的声音听起来就不悦耳也不和谐，还会使人产生烦躁，这种频率和强度都不同的各种声音的杂乱组合而产生的声音被称为噪声。

（二）问答

1. 人体发生触电的原因是什么？

在电路中，人体的一部分接触相线，另一部分接触其他导体，就会发生触电。触电的原因如下：

（1）违规操作。

（2）绝缘性能差漏电，接地保护失灵，设备外壳带电。

（3）工作环境过于潮湿，未采取预防触电措施。

（4）接触断落的架空输电线或地下电缆漏电。

2. 触电分为哪几种？

单相触电、两相触电、跨步电压触电三种。

3. 触电的现场急救方法主要有几种？

人工呼吸法、人工胸外心脏按压法两种。

4. 发生人身触电应该怎么办？

（1）当发现有人触电时，应先断开电源。

（2）在未切断电源时，为争取时间可用干燥的木棒、绝缘物拨开电线或站在干燥木板上或穿绝缘鞋用一只手去拉触电者，使之脱离电源，然后进行抢救。人在高处应防止脱电后落地摔伤。

(3) 触电后昏迷但又有呼吸者应抬到温暖、空气流通的地方休息，如呼吸困难或停止，就立即进行人工呼吸。

5. 如何使触电者脱离电源？

(1) 尽快断开与触电者有关的电源开关。

(2) 用相适应的绝缘物使触电者脱离电源。

(3) 现场可采用短路法使断路器跳闸或用绝缘杆挑开导线。

(4) 脱离电源时要防止触电者摔伤。

6. 预防触电事故的措施有哪些？

采用安全电压；保证绝缘性能；采用屏护；保持安全距离；合理选用电气设备；装设漏电保护器；保护接地与接零等。

7. 安全用电注意事项有哪些？

(1) 手潮湿（有水或出汗）不能接触带电设备和电源线。

(2) 各种电气设备，如电动机、启动器、变压器等金属外壳必须有接地线。

(3) 电路开关一定要安装在火线上。

(4) 在接、换熔断丝时，应切断电源。熔断丝要根据电路中的电流大小选用，不能用其他金属代替熔断丝。

(5) 正确选用电线，根据电流的大小确定导线的规格及型号。

(6) 人体不要直接与通电设备接触，应用装有绝缘柄的工具（绝缘手柄的夹钳等）操作电气设备。

(7) 电气设备发生火灾时，应立即切断电源，并用二氧化碳灭火器灭火，切不可用水或泡沫灭火器灭火。

（8）高大建筑物必须安装避雷器，如发现温升过高，绝缘下降时，应及时查明原因，消除故障。

（9）发现架空电线破断、落地时，人员要离开电线地点 8m 以外，要有专人看守，并迅速组织抢修。

8. 燃烧分为哪几类？

燃烧按形成的条件和瞬间发生的特点，分为闪燃、着火、自燃、爆燃四种。

9. 燃烧必须具备哪几个条件？

燃烧必须具备三个条件：

（1）要有可燃物，如木材、纸张、棉纱、汽油、煤油、润滑油。

（2）要有助燃物，即空气中的氧或纯氧。

（3）要达到着火的温度，即达到物质的燃点。

着火的三要素必须同时存在，缺少一个也不能燃烧。

10. 火灾过程一般分为哪几个阶段？

火灾过程一般可分为初起阶段、发展阶段、猛烈阶段、下降阶段和熄灭阶段。

11. 扑救火灾的原则是什么？

（1）报警早，损失少。

（2）边报警，边扑救。

（3）先控制，后灭火。

（4）先救人，后救物。

（5）防中毒，防窒息。

（6）听指挥，莫惊慌。

12. 灭火有哪些方法？

冷却法、窒息法、隔离法、化学抑制法四种。

13. 油气站库常用的消防器材有哪些？

灭火器、消防桶、消防锹、消防砂、消防镐、消防钩、消防斧等。

14. 目前油田常用的灭火器有哪些？

泡沫灭火器、二氧化碳灭火器、干粉灭火器等。

15. 手提式干粉灭火器如何使用？适用哪些火灾的扑救？

（1）使用方法：首先拔掉保险销，然后一只手将拉环拉起或压下压把，另一只手握住喷管，对准火源。

（2）适用范围：扑救液体火灾、带电设备火灾和遇水燃烧等物品的火灾，特别适用于扑救气体火灾。

16. 使用干粉灭火器的注意事项有哪些？

（1）要注意风向和火势，确保人员安全。

（2）操作时要保持竖直，不能横置或倒置，否则易导致不能将灭火剂喷出。

17. 如何检查管理干粉灭火器？

（1）放置在通风、干燥、阴凉并取用方便的地方。

（2）避免放在高温、潮湿和腐蚀严重的场合，防止干粉灭火剂结块、分解。

（3）每季度检查干粉是否结块。

（4）检查压力显示器的指针是否在绿色区域。

（5）灭火器一经开启必须再充装。

18. 如何报火警？

一旦失火，要立即报警，报警越早，损失越小，打电话时，一定要沉着。首先要记清火警电话"119"，接通电话后，要向接警中心讲清失火单位的名称地址、什么东西着火、火势大小，以及火的范围。同时还要注意听清对方提出的问题，以便正确回答。随后，把自己的电话号码和姓名告诉对方，以便联系。打完电话后，要立即派人到交叉路口等待消防车的到来，以利于引导消防车迅速赶到火灾现场。还要迅速组织人员疏散消防通道，消除障碍物，使消防车到达火场后能立即进入最佳位置灭火救援。

19. 泵房发生火灾的应急措施有哪些？

（1）切断通往泵房的所有电源，如值班室不能操作，应及时通知变电所切断通往本岗电源。

（2）直接用灭火器和防火砂灭火，如火势较大，立即拨打"119"火警电话。

（3）向值班干部汇报。

（4）倒通事故流程。

（5）打开所有消防通道，迎接消防车。

（6）灭火后，认真分析火灾原因。

（7）如果设备无损伤，应及时恢复正常生产。

（8）做好记录。

20. 化验室发生火灾的应急措施有哪些？

（1）立即切断电源，如果在化验室不能操作，应及时回到值班室切断电源。

（2）移开易燃物。

（3）使用二氧化碳灭火器灭火，如火势较大难以控制时，立即拨打"119"火警电话。

（4）汇报值班干部。

（5）打开所有消防通道，迎接消防车。

（6）灭火后，认真分析火灾原因，做好记录。

21. 油、气、电着火如何处理？

（1）切断油、气、电源，放掉容器内压力，隔离或搬走易燃物。

（2）刚起火或小面积着火，在人身安全得到保证的情况下要迅速灭火，可用灭火器、湿毛毡、棉衣等灭火，若不能及时灭火，要控制火势，阻止火势向油、气方向蔓延。

（3）大面积着火或火势较猛，应立即报火警。

（4）油池着火，勿用水灭火。

（5）电器着火，在没切断电源时，只能用二氧化碳、干粉等灭火器灭火。

22. 压力容器泄漏、着火、爆炸的原因及消减措施是什么？

压力容器泄漏、着火、爆炸的原因：

（1）压力容器有裂缝、穿孔。

（2）窗口超压。

（3）安全附件、工艺附件失灵或与容器接合处渗漏。

（4）工艺流程切换失误。

（5）容器周围有明火。

（6）周围电路有阻值偏大或短路等故障发生。

（7）雷击起火。

（8）有违章操作（如使用非防爆手电，使用非防爆工劳保服装等）现象。

消减措施：

（1）压力容器应有使用登记和检验合格证。

（2）加强管理，消除一切火种。

（3）按压力容器操作规程进行操作。

（4）对压力容器定期进行检查和检验并有检验报告。

（5）工艺切换严格执行相关操作规程。

（6）严格执行巡回检查制度。

（7）做好防雷设施，定期测量接地电阻。

（8）定期检验安全附件进行校验和检查。

23. 对火灾事故"四不放过"的处理原则是什么？

（1）事故原因分析不清不放过。

（2）事故责任者和群众没有受到教育不放过。

（3）事故责任者没有受到处罚不放过。

（4）没有整改措施不放过。

24. 为什么要使用防爆电气设备？

有石油蒸气的场所，电气设备发生短路、碰壳接地、触头分离等情况，会产生电火花，可能引起油蒸气爆炸，因此，在有石油蒸气场所，必须使用防爆型电气设备。

25. 哪些场所应使用防爆电气设备？

在输送、装卸、装罐、倒装易燃液体的作业场所应使用防爆电气设备；在传输、装卸、装灌、倒装可燃气体的作业场所应使用封闭式电气设备。例如，在石油蒸气聚集较多的轻油泵房、轻油罐桶间等场所，所使用的电动机、启动器、开关、漏电保护器、接线盒、插座、按钮、电铃、照明灯具等，都必须是防爆电气设备。

26. 防爆有哪些措施？

在爆炸条件成熟以前采取下述措施防爆：

（1）加强通风，降低形成爆炸混合物的浓度，降低危险等级。

（2）合理配备现代化防爆设备。

（3）采用科学仪器，从多方面监测爆炸条件的形成和发展，以便及时报警。

27. 高处作业级别是如何划分的？

（1）作业高度在 $\geq 2m$、$< 5m$ 时，称为一级高处作业。

（2）作业高度在 $\geq 5m$、$< 15m$ 时，称为二级高处作业。

（3）作业高度在 ≥ 15m、< 30m 时，称为三级高处作业。

（4）作业高度 ≥ 30m 时，称为特级高处作业。

28. 高处坠落的原因是什么？

（1）扶梯腐蚀、损坏。

（2）同时上梯人数超过规定。

（3）冰雪天气操作时未做好防滑措施。

（4）在设备上操作时未佩戴安全带或安全带悬挂位置不合适。

29. 高处坠落的消减措施是什么？

（1）做好防腐工作并定期检查。

（2）一次上梯人数不能超过 3 人。

（3）冰雪天气操作前做好防滑措施，可采用砂子防滑。

（4）在设备上操作时，应按规定佩戴安全带并选择合适位置。

30. 安全带通常使用期限为几年？几年抽检一次？

安全带通常使用期限为 3 ～ 5 年，发现异常应提前报废。一般安全带使用 2 年后，按批量购入情况应抽检一次。

31. 使用安全带时有哪些注意事项？

（1）安全带应高挂低用，注意防止摆动碰撞，使用 3m 以上的长绳时应加缓冲器，自锁钩用吊绳例外。

（2）缓冲器、速差式装置和自锁钩可以串联使用。

（3）不准将绳打结使用，也不准将钩直接挂在安全绳上使用，应挂在连接环上用。

（4）安全带上的各种部件不得任意拆卸，更换新绳时应注意加绳套。

32. 哪些原因容易导致发生机械伤害？

（1）工具、夹具、刀具不牢固，导致工件飞出伤人。

（2）设备缺少安全防护设施。

（3）操作现场杂乱，通道不畅通。

（4）金属切屑飞溅等。

33. 为防止机械伤害事故，有哪些安全要求？

对机械伤害的防护要做到"转动有罩、转轴有套、区域有栏"，防止衣袖、发辫和手持工具被绞入机器。

34. 机泵容易对人体造成哪些直接伤害？

（1）夹伤：在工作中使用工具不当时会夹伤手指。

（2）撞伤：在受到机泵的运动部件的撞击时会造成伤害。

（3）接触伤害：当人体接触到机泵高温或带电部件时造成伤害。

（4）绞伤：头发、衣物等卷入机泵的转动部件造成伤害。

35. 哪些伤害必须就地抢救？

触电、中毒、淹溺、中暑、失血。

36. 外伤急救步骤是什么？

止血、包扎、固定、送医院。

37. 有害气体中毒急救措施有哪些？

（1）气体中毒开始时有流泪、眼痛、呛咳、眼部干燥等症状，应引起警惕，稍重时头昏、气促、胸闷、眩晕，严重时会引起惊厥昏迷。

（2）怀疑可能存在有害气体时，应立即将人员撤离现场，转移到通风良好处休息，抢救人员进入险区必须佩戴正压式空气呼吸器。

（3）已昏迷病员应保持气道通畅，有条件时给予氧气呼入，呼吸心跳骤停者，按心肺复苏法抢救，并联系急救部门或医院。

（4）迅速查明有害气体的名称，供医院及早对症治疗。

38.烧烫伤急救要点是什么？

（1）迅速熄灭身体上的火焰，减轻烧伤。

（2）用冷水冲洗、冷敷或浸泡肢体，降低皮肤温度。

（3）用干净纱布或被单覆盖和包裹烧伤创面，切忌在烧伤处涂各种药水和药膏。

（4）可给烧伤伤员口服自制烧伤饮料糖盐水，切忌给烧伤伤员喝白开水。

（5）搬运烧伤伤员，动作要轻柔、平稳，尽量不要拖拉、滚动，以免加重皮肤损伤。

39.触电急救有哪些原则？

进行触电急救，应坚持迅速、就地、准确、坚持的原则。

40.触电急救要点是什么？

（1）迅速切断电源。

（2）若无法立即切断电源时，用绝缘物品使触电者脱离电源。

（3）保持呼吸道畅通。

（4）立即呼叫"120"急救电话，请求救治。

（5）如呼吸、心跳停止，应立即进行心肺复苏。

（6）妥善处理局部电烧伤的伤口。

41.如何判定触电伤员呼吸、心跳？

触电伤员如意识丧失，应在10s内，用看、听、试的方法，判定伤员呼吸心跳情况。看：看伤员的胸部、腹部有无起伏动作；听：用耳贴近伤员的口鼻处，听有无呼气声音；试：试测口鼻有无呼气的气流。再用两手指轻试一侧（左或右）喉结旁凹陷处的颈动脉有无搏动。若看、听、试结果，既无呼吸又无颈动脉搏动，可判定呼吸心跳停止。

42. 高空坠落急救要点是什么？

（1）坠落在地的伤员，应初步检查伤情，不要搬动摇晃。

（2）立即呼叫"120"急救电话，请求救治。

（3）采取初步急救措施：止血、包扎、固定。

（4）注意固定颈部、胸腰部脊椎，搬运时保持动作一致平稳，避免脊柱弯曲扭动加重伤情。

43. 如何进行口对口（鼻）人工呼吸？

在保持伤员气道通畅的同时救护人员用放在伤员额上的手的手指捏住伤员鼻翼，救护人员深吸气后，与伤员口对口紧合，在不漏气的情况下，先连续大口吹气两次，每次 1～1.5s。如两次吹气后试测颈动脉仍无搏动，可判断心跳已经停止，要立即同时进行胸外按压。除开始时大口吹气两次外，正常口对口（鼻）呼吸的吹气量不需过大，以免引起胃膨胀，吹气和放松时要注意伤员胸部应有起伏的呼吸动作。触电伤员如牙关紧闭，可口对鼻人工呼吸。口对鼻人工呼吸吹气时，要将伤员嘴唇紧闭，防止漏气。

44. 如何对伤员进行胸外按压？

（1）救护人员右手的食指和中指沿触电伤员的右侧肋弓下缘向上，找到肋骨和胸骨接合处的中点。

（2）两手指并齐，中指放在切迹中点（剑突底部），食指平放在胸骨下部。

（3）另一只手的掌根紧挨食指上缘，置于胸骨上，找准正确按压位置。

（4）救护人员的两肩位于伤员胸骨正上方，两臂伸直，肘关节固定不屈，两手掌根相叠，手指翘起，不接触伤员胸壁。

（5）以髋关节为支点，利用上身的重力，垂直将正常人胸骨压陷 3 ～ 5cm（儿童和瘦弱者酌减）。

（6）压至要求程度后，立即全部放松，但放松时救护人员的掌根不得离开胸壁。按压必须有效，有效的标志是按压过程中可以触及颈动脉搏动。

45. 心肺复苏法操作频率有什么规定？

（1）胸外按压要以均匀速度（80 次 /min 左右）进行，每次按压和放松的时间相等。

（2）胸外按压与口对口（鼻）人工呼吸同时进行，其节奏为：单人抢救时，每按压 15 次后吹气 2 次（15 ∶ 2），反复进行；双人抢救时，每按压 5 次后由另一人吹气 1 次（5 ∶ 1），反复进行。

第三部分

基本技能

 操作技能

1. 投产、运行、停运及清洗高效过滤器操作。

准备工作：

（1）正确穿戴劳动保护用品。

（2）工用具、材料准备：F形扳手1把、黄油、擦布若干、记录纸、记录笔。

（3）运行前高效过滤器本体阀门好用无缺陷，各指示仪表准确好用；水源来水充足，风压正常（风压≥0.4MPa），检查结果应达到启动条件。

（4）各气、手动门均处于关闭状态。

操作程序：

（1）开启高效过滤器气动排空门和气、手动入口阀，待空气阀溢水后，关空气阀。开上向洗排水门进行正洗，以手动入口阀控制正洗流量为120t/h。

（2）待床体压力稳定后，开气动出口阀，缓慢全开手动出口阀。

（3）调整流量小于120t/h，同时化验出口水浊度应达

0.3FTU 以下。

（4）高效过滤器运行监督。

① 每 2h 记录流量、压差、出口浊度。

② 当出口浊度达 0.3FTU 时定为高效过滤器失效或压差 ≥ 0.1MPa，停止运行进行清洗。

（5）高效过滤器清洗操作。

① 当运行出水水质逐渐恶化至不能满足生产用水要求时，即进入失效状态。

② 运行终点时，出、入口压力参考值为 0.1MPa，此时，开下向洗出、入口阀，检查反洗水泵。

③ 符合启动要求，打开反洗水箱出、入口阀，使水箱处于高水位状态，启动反洗水泵，控制流量。

④ 开上向洗出、入口阀，开压缩风入口阀、空气阀，启动罗茨风机。

⑤ 水清后，开下向洗出、入口阀，关上向洗出、入口阀，维持罐体满水状态。

⑥ 待水清后，停止进风，关闭压缩空气阀，停反洗水泵，关闭下向洗出、入口阀，关反洗水箱出口阀。

⑦ 开入口阀，上向洗出口阀，清洗至浊度 ≤ 0.3FUT，停止清洗。

⑧ 取样化验出水水质，当出水合格时，即可向生产送水或备用。

操作安全提示：

（1）在阀门不能启动开启需要手动开启时，主要防止扳手滑脱造成磕碰。

（2）使用反洗水泵对过滤器进行清洗时注意流量控制，防止过大造成排水溅出。

（3）使用反洗水泵时注意周围是否有润滑油泄漏，防止滑倒。

（4）使用反洗水泵时注意防止触电。

2. 启动、停止反渗透设备操作。

准备工作：

（1）正确穿戴劳动保护用品。

（2）工用具、材料准备：F 形扳手 1 把、擦布若干、记录纸、记录笔。

（3）5μm 系统检查。

① 在 RO 装置初次启动之前，预处理系统必须已经过调试和试运，出水质量能够满足 RO 装置运行的要求。

② 在将反渗透器连接到管路上之前，吹扫并冲洗管路，包括反渗透给水母管，冲洗完之后，进行彻底杀菌，加 NaOH、NaClO。

③ 检查各管路是否按工艺要求接妥，各阀门动作是否良好。

（4）反渗透启动前系统检查。

① 启动前记录好 RO 中第一段和第二段压力容器系列号及所装膜元件的系列号产水量和脱盐率，画一张各压力容器在滑架上位置的图表。

② 检查 RO 压力容器的管道是否连接无误。

③ 检查 RO 的压力表、流量表、导电度表安装正确与否。

④ 保证给水，检查一段浓水、出水、排水，一段、二段产品水及总产品水取样是否有代表性。

⑤ 爆破膜安装是否正确。

⑥ 检查泵的转动及润滑情况。

⑦ 检查系统中所有管道对压力及 pH 值透合性。

⑧ 检查确认各仪表安装正确，并已经过校准。

⑨ 检查确认高压泵、电动慢开阀可以立即运行。

⑩ 各药箱应保证 2/3 以上液位。

⑪ 运行监督用各种试剂和仪器准备好。

⑫ 核对产品水不合格排放阀是全开的。

⑬ 保证浓水控制阀处于开启位置。

⑭ 核对联锁、报警和延时继电器已经过正确整定。

⑮ 检查管件、压力容器严密不漏。

⑯ 保证泵节流控制阀开启程度使初始的给水压力低于 50% 运行压力。

⑰ 保证产品水压力永远不会超过给水或浓水压力的规定值。

⑱ 压力容器固定在滑架上螺栓不要拧得太紧，否则会引起玻璃钢外壳翘起。

⑲ 除 CO_2 器工作正常。

操作程序：

（1）反渗透装置的初次启动。

① 给水送 RO 之前，预处理系统运行正常，出水硬度、浊度及 SDI 值满足 RO 要求。

② 安装在控制盘上 1 号、2 号、3 号、4 号装置操作方式选择开关"手动—停止—自动"应位于手动位置。

③ 打开浓水冲洗排放阀，打开高压泵出口手动调节阀（1/3 开度），按下 RO 就地仪表盘上电动慢开门启动按钮，就地启动电动慢开门，在低压、小流量下让水流经反渗透装置将系统中空气排出。

④ 检查系统有无泄漏。

⑤ 按下 RO 就地仪表盘上电动慢开门关闭按钮，关闭电动慢开阀，关冲洗排放阀，打开浓水排放阀，处于半开位置。

⑥ 打开产品水排放阀，启动高压给水泵，启动电动慢开阀，调节高压泵出口手动的调节阀，使给水在低于 50% 给水压力下冲洗 RO 装置，直至排水不含保护液，冲洗时间约为 1h。

⑦ 慢慢开大高压泵出口手动调节阀，同时调整浓水排放阀开度，直至满足设计进水流量 120t/h 和 80% 的回收率。

⑧ 系统达到设计条件时检查各段压力，检查一段、二段淡水和浓水的流量是否正常，检查浓水的 LS1 值 < 0.5。

⑨ 系统稳定运行后（大约 1h），记录所有运行参数，打开产品水出水阀门，关闭产品水不合格排放阀门，RO 装置开始正常制水。

⑩ RO 装置停运时，首先关闭电动慢开门，然后停止高压泵的运行。

（2）反渗透装置的运行停止操作。

① 两组四套设备中，如一组中的两套设备均停运，启动其中一套（如 2 号）操作如下：

a.1 号产品水出口阀关。

b.1 号给水调整阀关。

c.2 号保安过滤器出入口阀开。

d.2 号电动慢开阀关。

e.2 号给水调节阀开度 1/3。

f.2 号浓水调节阀全开。

g.2 号产品水排放阀全开。

h. 中控盘程控启动（如就地启动则先启泵，再开电动门）。

i. 检查给水量及浓水排放量，至产品水量及回收率适当，出水电导合格后，开产品水出口门，关排水阀。

② 如一组两套设备的一套设备运行（如2号），启动另一套（如1号）操作如下：

a.1号产品水排水阀开。

b.1号浓水调节阀全开。

c.1号给水调节阀开度1/3。

d.1号保安过滤器出、入口阀开。

e.1号电动慢开阀关。

f. 中控盘程启动（如就地启动则先启泵，后开电动阀）。

g. 检查给水量及浓水排放量，至产水量和回收率适当，出水电导合格后，开产品出口阀，关排水阀。

③ 如两套设备运行，停运其中一套（如1号）操作如下：

a. 中控盘按停止按钮（就地控制方式则先关电动阀，后停泵）。

b. 关闭产品水出口阀，关闭浓水调节阀。

c. 如果系统管理24小时之内不再启动，则应进行低压冲洗。

④ 低压冲洗操作如下：

a. 开产品水排放阀。

b. 适度开给水调节阀。

c. 全开浓水排放阀。

d. 开启保安过滤器出、入口阀。

e. 系统冲洗时间不少于10min。

f. 冲洗完毕后，系统恢复到原来状态。

（3）运行监督。

① 每两小时化验 5μ 过滤器出口水 SDI、浊度一次，SDI＜4，浊度＜0.2FTU。

② 每两小时记录进水流量，进出口压差一次。

③ 每两小时化验精密过滤器入口母管浊度、电导率、SDI 水温各一次。

（4）停用保护反渗透装置操作。

在装置停后应使用高质量的给水对其进行冲洗，冲洗过程采用低压冲洗（大约 3bar），用于冲洗的水源不能含有化学药剂，特别是不能含有阻垢剂，如设备停运 24h 内可进行低压冲洗，如果停运时间超过 48h，必须采取保护措施。

RO 系统膜元件短期停运步骤：

RO 系统停运时间小于 7d 可以使用以下方法，系统停运时间更长参见长期停运步骤。

① 停止 RO 系统的运行。

② 每天直接使用无氧化剂的软水冲洗系统。冲洗时间至少 30min，冲洗流量按清洗模元件采用的流量。

③ 系统中充满这种冲洗水的情况下，关闭所有进、出口阀门。

④ 当水温度高于 20℃时，每两天重复上述操作（24h）。

RO 系统膜元件长期停止运行步骤：

下述方法可用于 RO 系统长期停止运行，但系统必须运行于 48h 以上。

① 停止 RO 系统的运行。

② 用不含无氧化剂的 0.5%～1%（质量分数）的甲醛或 0.5%～1%（质量分数）和亚硫酸氢钠冲洗系统，连续冲洗直到排放水中含有 0.5% 甲醛或 0.5% 的亚硫酸氢钠为止，

冲洗流量按清洗建议的流量约 30min。

③ 系统中充满上述两种溶液之一的情况下关闭所有进口和出口阀门。

④ 每 30d 重复步骤②和③。

（5）注意事项。

① 配制溶液使用的水必须不含痕量的氯或类似的活性氧化剂，对苦咸水系统使用渗透水或处理过的 RO 系统给水。

② 可以使用清洗系统冲洗。

③ 系统重新启动时，必须将产品水排放 1h，以便冲洗痕量的保持液。

④ 重新启动时可以发生临时性通水量损失，这种情况不会持续 2d 以上。

操作安全提示：

（1）高压泵属于转动机械，运行时不要进行擦拭动作，以免造成人员被绞伤的可能。

（2）使用高压泵时注意用电安全。

（3）高压泵旁地面保持干净，有润滑油泄漏应及时清理，避免人员滑到。

（4）高低压开关动作应检查电动慢开门，消除缺陷再次启动。

（5）每次启动前，应切记先关闭电动慢开门，再启动设备，避免压力突然增加而损坏膜元件。

（6）每次启动前，还应重点检查产品水出口门或产品水排放门是否开启，如因疏忽而忘开产品水出口门或产品水排放门，启动泵后压力会一直加到产品水侧，这时应首先打开产品水排放门泻压，然后再停泵，切记不要先停泵，以免损坏膜元件。

3. 启动、停止及再生强酸阳离子浮床交换器操作。

准备工作：

（1）正确穿戴劳动保护用品。

（2）工用具、材料准备：酸式吸雾防毒面具、F形扳手1把、黄油、擦布若干、记录纸、记录笔。

（3）交换器本体阀门开关灵活好用。

（4）有关系统及交换器本体无缺陷；树脂再生好。

（5）指示仪表（压力表、流量表、钠表）准确好用，化学药品齐全。

（6）中间水箱水位正常，来水充足。

操作程序：

（1）阳浮床的启动操作。

① 开启阳浮床手动入口门、气动入口门和气动空气门，待空气门溢水后关闭空气门。

② 开顺洗排水门，用手动入口门调节流量为 $80 \sim 100t/h$，当化验顺洗排水钠离子含量小于 $300\mu g/L$ 时，顺洗合格。

③ 开启阳浮床气动出口门、手动入口门，关闭顺洗排水门，开启树脂捕捉器出口门，控制最大运行流量不超过 $175t/h$。

④ 向阴浮床供水，不得低于 $100t/h$。以防阴浮床落床乱层失效。

（2）阳浮床的运行与监督。

① 每 $2h$ 记录一次运行流量，监视中间水箱水位变化情况，流量的变化用手动入口门调整，并观察成床情况。

② 每 $2h$ 分析一次出口水钠离子含量和酸度，并做好

记录。

③ 当阳浮床接近失效时，应增加化验次数，防止 Na^+ 超标。

④ 发现异常情况及时处理，并将异常情况及处理详细做好记录。

（3）阳浮床清洗。

阳浮床运行至 20～25 周期位，需进行定期大清洗即将阳树脂送入阳清洗罐，进行水、气擦洗，此项工作由班长及值班员配合进行；清洗完的强酸阳离子树脂送回阳浮床，进行再生，再生剂量是正常量的 1.5～2 倍，即 2250～3000kg 的 31%HCl，气水擦洗至罐水澄清为止。

（4）阳浮床再生操作。

① 当阳浮床出水 $Na^+ \geqslant 300\mu g/L$ 时，关闭出、入口门，开空气门使容器内压力降为零，自然落床后关闭空气门，再关闭取样截门。

② 进酸操作：开启阳浮床正洗排水门和气、手动进酸门；启动再生专用泵，开启酸喷射器的水入口门，并以酸喷射器水入口门调整再生流量为 25t/h，开启酸喷射器酸入口门，调整酸浓度为 1%～2%，再生剂量为 1500kg（31%HCl）/台次，进酸时间约为 40～60min。

③ 置换：关闭酸喷射器酸入口门，维持再生流量进行置换时间 15～30min。

④ 正洗：置换结束后，停再生专用泵，关喷射器入口门、阳浮床进酸门。开启正洗进水门，调整正洗流量 80～100t/h，洗至排水 $Na^+ \leqslant 300\mu g/L$ 后关闭以上阀门。

操作安全提示：

（1）在阀门不能自动开启需要手动开启时，主要防止扳手滑脱造成磕碰。

（2）在进酸操作时，应注意酸计量箱液位，防止液位过高造成酸液漏泄，导致酸液腐蚀或酸气中毒。

（3）在再生液排放至下级单位时，应提前通知，防止未及时做相应排放操作，造成废液溢流而导致事故。

4. 启动离心泵操作。

准备工作：

（1）正确穿戴劳动保护用品。

（2）工用具、材料准备：F形扳手1把、润滑油1壶、擦布若干、记录纸、记录笔。

（3）检查水泵及电动机的外观完整，地脚螺栓牢固，接地线良好。

（4）检查机械部分和电气设备无工作，安全措施已拆除，无缺隙，电动机检修后泵应先试验电动机的转向，要求与泵的转向一致，手动盘车对轮检查对轮转动的是否轻快，不得有卡涩摩擦现象。

（5）检查管边连接法兰、逆止门、阀门完好，开关灵活好用，无漏泄现象，压力表无缺陷等。

（6）检查油位正常、不漏油、油质良好。

操作程序：

（1）开启泵的出口压力表门，表计准确，开启泵的入口水门，开启泵空气门，待空气排净时关闭空气门。

（2）启动电源开关启动泵，其出口压力正常，稳定开启泵出口门，电流不得超过额定值，当发现压力、电流下降应重新操作启泵。

操作安全提示：

（1）操作时保证工作服合身，衣服及袖口的扣子扣好，长发要盘在工作帽内，防止被转动部分绞住。

（2）泵体旁地面保持干净，有润滑油泄漏应及时清理，避免人员滑到。

（3）用电设备操作时防止触电。

5. 启动柱塞泵操作。

准备工作：

（1）正确穿戴劳动保护用品。

（2）工用具、材料准备：润滑油1壶、擦布若干、记录纸、记录笔。

（3）检查柱塞泵及电动机的外壳清洁、完整，地角螺栓牢固，接地线良好。

（4）检查机械部分和电气设备工作票已封，安全措施已拆除。

（5）检查变速栓油箱油位正常，油质合格，油变质时应迅速更换新油。

（6）检查柱塞泵与电动机连接部分完好，各机械部分无卡涩、摩擦严重等现象。

（7）检查安全门调整灵活，不漏药压力表准确，并将安全门调至1MPa位置。

（8）检查管边，联接法兰，阀门完整开关灵活好用。

操作程序：

（1）开启柱塞泵入口门、泵出口门、联络门。

（2）开启泵出口压力表门。

（3）加药系统正确无误，系统门开好。

（4）开启泵的出入口门，按启动按钮，启动柱塞泵其出口压力正常。

（5）检查泵的转动各部位及电气部分运行正常后方可

离开设备。

操作安全提示：

（1）泵体旁地面保持干净，有润滑油泄漏应及时清理，避免人员滑到。

（2）用电设备操作时防止触电。

6. 化学监督锅炉水质操作。

准备工作：

（1）正确穿戴劳动保护用品，包括安全帽、工作服、隔温手套、口罩、防毒面具等。

（2）工用具、材料准备：手电筒1把、取样篮1个、长柄取样钳1把、取样瓶若干、锥形瓶若干、分析实验仪器1套、pH表1台、钠表1台、擦布若干、记录纸、记录笔。

（3）检查取样系统、加药系统和排污系统处于良好备用状态。磷酸三钠计量箱、乙醛肟计量箱药液充足。

（4）取样分析化验启动前的锅炉水质，要求炉水硬度不大于5μmol/L，炉水无浊度，否则通知锅炉换水，并汇报班长、值长。

（5）通知锅炉值班员开启取样、加药和排污一次门。

（6）启动闭式循环冷却水泵，检查冷却水充足畅通。

（7）详细记录启炉前的各项准备工作。

操作程序：

（1）锅炉启动过程中的化学监督工作。

当锅炉点火后，化验站专责要向锅炉值班员询问取样，加药及排污一次门是否开启。

① 当锅炉升压至 0.3 ～ 0.5MPa 时，应冲洗取样管，启动磷酸盐加药泵向炉内加药。30min 后分析炉水磷酸根含量，并调整加药泵行程，维持低标准运行，做好记录。

② 当锅炉升压至 0.5 ～ 0.7MPa 时，开启连续排污二次门，投入连续排污。

③ 当锅炉升压至 0.8MPa 时，开始分析蒸汽质量，若炉水浑浊或蒸汽不合格，应加大连续排污量，并进行定期排污。

④ 当锅炉升压至 1.0MPa 时，若蒸汽品质达到启动标准则通知锅炉继续升压，否则应降压或排污，直到蒸汽品质合格。

⑤ 锅炉升压至 1.0 ～ 1.5MPa 时，汽轮机冲转。

⑥ 汽轮机冲动后，应每小时化验一次给水质量、炉水质量、蒸汽质量，若发现汽水质量异常应及时查找原因并处理，要求汽机冲动 4h 之内，各种水汽质量均达到运行标准。

⑦ 详细做好启炉阶段的各项记录。

（2）锅炉运行中的化学监督工作。

① 按规定做好水气质量分析化验，并认真做好记录。

② 根据气水分析数据和对气水质量要求，及时调整磷酸三钠的加药量和连续排污门的开度，使汽水品质控制在规定的范围内。

③ 按规定监督锅炉运行人员进行锅炉的定期排污。

④ 发现水气品质劣化时，应加强分析监督，及时采取措施并向值长、班长汇报，必要时汇报分厂。

（3）锅炉停运时化学监督。

① 锅炉停运后，应立即停取样冷却水，关闭仪表截止门。

② 详细记录停炉时间、原因及所做的工作。

③ 对于停运锅炉应做停炉保护措施并定期进行化学检

查和监督。

④ 热备用炉，应保持炉内压力 5 倍大气压以上并定期化验炉水中的溶解氧。

操作安全提示：

（1）取高温水样时应注意防止烫伤。

（2）取样经过扶梯时应防止滑倒跌落。

（3）在照明不足时应使用手电筒补充照明，防止磕碰、滑倒。

（4）监督锅炉定排时，注意防止落焦溅起冲灰水造成烫伤。

（5）实验时应注意防止药液滴溅，实验后应及时洗手，防止药液腐蚀皮肤。

7. 化学监督汽轮机系统操作。

准备工作：

（1）正确穿戴劳动保护用品，包括安全帽、工作服、隔温手套、口罩等。

（2）工用具、材料准备：手电筒 1 把、取样篮 1 个、长柄取样钳 1 把、取样瓶若干、锥形瓶若干、分析实验仪器 1 套、钠表 1 台、擦布若干、记录纸、记录笔。

操作程序：

（1）汽轮机启动前的准备工作。

① 接到汽轮机将启动的通知的，要汇报班长及除盐水值班员，根据汽轮机用水情况，及时调整除盐水负荷。

② 检查取样装置是否完好，并进行冲洗。

③ 汽轮机启动时，每小时取样分析一次冲洗水，直至冲洗结束，硬度、二氧化硅合格，2 号机还应加强凝结水质量的监督。

（2）汽轮机运行时的监督。

① 每班应按规定项目，定时对凝结水进行化验监督工作。

② 凝汽器漏泄，会使凝结水硬度升高，应立即汇报值长、班长。

在有精处理除盐系统中，当凝结水硬度超过 10μmol/L 时，应在 72h 内恢复至相应标准值；正在发生快速腐蚀、结垢、积盐，4h 内水质不好转，应停炉。

在无精处理除盐系统中，当凝结水硬度达 5～10μmol/L 时，应在 72h 内恢复至相应标准值；当凝结水硬度达 10～20μmol/L，应在 24h 内恢复至相应标准值；当凝结水硬度超过 20μmol/L 时，4h 内水质不好转，应停炉。

③ 在处理的每一级中，在规定的时间内不能恢复正常时，应采用更高一级的处理方法。

④ 汽轮机带负荷冲洗叶片，值长提前通知化学，由实验室设专人化验，运行人员做好冲洗记录，冲洗水排至地沟，直至冲洗结束，硬度、二氧化硅合格方可回收。

（3）汽轮机停止时的化学监督。

① 汽轮机停运时，化学值班员应掌握机组启停情况，并记录。

② 停机过程中，适当增加凝结水分析次数，发现水质劣化立即通知值班员停止凝结水回收，将其排至地沟。

③ 汽机解列后，关闭各取样门，停止化学仪表运行。

操作安全提示：

（1）就地取高温水样时应注意防止烫伤。

（2）有蒸气冒出时，应避免进行取样操作。

（3）取样经过扶梯时应防止滑倒跌落。

（4）在照明不足时应使用手电筒补充照明，防止磕碰、滑倒。

（5）实验时应注意防止药液滴溅，实验后应及时洗手，防止药液腐蚀皮肤。

8. 化学监督脱氧器操作。

准备工作：

（1）正确穿戴劳动保护用品，包括安全帽、工作服、隔温手套、口罩等。

（2）工用具、材料准备：取样瓶若干、锥形瓶若干、溶解氧分析实验仪器 1 套、擦布若干、记录纸、记录笔。

操作程序：

（1）脱氧器启动时的化学监督。

① 脱氧器在启动前，应检查取样器及冷却水是否处于良好状态。

② 脱氧器检修后启动之前，应进行水冲洗，冲洗至水质合格（与锅炉启动前给水质量相同），方可停止冲洗。

（2）脱氧器运行中的化学监督。

① 正常情况下，每 4h 化验一次脱氧器溶解氧含量，并做好记录。

② 化验溶解氧不合格后，应立即通知脱氧器值班员加强调整，增加化验次数，检查溶解氧不合格的原因，如压力温度、水位、负荷及排氧门的开启情况，并做检查结果记录和调整后的溶解氧含量。

③ 溶解氧长期不合格应查明原因并向有关人员汇报，如属设备问题，应通知汽机检修处理。

④ 脱氧器大修或改进后，化学汽机应对脱氧器进行调整试验，在保证溶解氧合格的前提下，制定运行方式和相应

的温度、压力水位，负荷及排氧门开度等参数。

⑤ 发现脱氧器水浑浊有颜色，给水质量异常情况，应立即查明原因，根据实际情况增加化验项目，如硬度碱度和二氧化硅等。

(3) 脱氧器停止时的化学监督。

脱氧器停止运行后，及时关闭取样门，停冷却水系统。

操作安全提示：

(1) 就地取高温水样时应注意防止烫伤。

(2) 有蒸汽冒出时，应避免进行取样操作。

(3) 实验时应注意防止药液滴溅，实验后应及时洗手，防止药液腐蚀皮肤。

9. 除盐水加氨操作。

除盐水的氨含量在 0.5 ～ 1.0mg/L，每 2h 测定一次。加氨处理后的除盐水 pH 值控制在 8.8 ～ 9.3，每 2h 测定一次。

准备工作：

(1) 正确穿戴劳动保护用品，包括安全帽、自吸过滤式防尘口罩、化学安全防护眼镜、防静电工作服、橡胶手套等。

(2) 工用具、材料准备：手电筒 1 把、擦布若干、记录纸、记录笔。

(3) 保证加药间通风良好。

(4) 检查药箱是否完好，各阀门是否灵活好用，是否有药品漏泄。

(5) 检查柱塞泵是否正常运行，油位、油质是否正常。

操作程序：

(1) 氨液的配制。

① 将工业氨水倒入计量箱内，待液位达液位计管下蓝色刻度线后停止。

② 开启计量箱上除盐水截门进行稀释，待液位达到液位计氨水与除盐的体积比为 1∶4 时，关闭除盐水门。

（2）加氨操作与氨泵的停止。

① 开启氨计量箱出口门，启动加氨泵，调整机械行程，保证除盐水含氨量及 pH 值。

② 除盐水供给流量变化时，要及时调整加氨泵的相对行程、保证除盐水含氨量及 pH 值相对稳定。

③ 氨泵相对行程调整至相极限位置（不得超过 80%）以后，仍不能达到氨含量标准，应调整计量箱内氨液浓度。

④ 运行氨泵转为正常备用时，停泵后可不关氨泵出口门，当氨泵出现故障，停泵的应关其出口门，并及时投入备用泵。

操作安全提示：

（1）氨水极易挥发，吸入后对鼻、喉和肺有刺激性。迅速脱离现场至空气新鲜处。保持呼吸道通畅。呼吸困难时给输氧。呼吸停止时，立即进行人工呼吸并就医。

（2）皮肤接触可致灼伤，立即用水冲洗至少 15min。若有灼伤，就医治疗。

（3）立即提起眼睑，用流动清水或生理盐水冲洗至少 15min，或用 3% 硼酸溶液冲洗。立即就医。

（4）误服者立即漱口，口服稀释的醋或柠檬汁，就医。

（5）氨水易分解放出氨气，温度越高，分解速度越快，可形成爆炸性气氛。若遇高热，容器内压增大，有开裂和爆炸的危险。

（6）分装和搬运作业要注意个人防护。搬运时要轻装轻卸，防止包装及容器损坏。

10. 锅炉炉水加磷酸盐操作。

准备工作：

（1）正确穿戴劳动保护用品，包括安全帽、防护服手套和护目镜或面具。

（2）工用具、材料准备：手电筒1把、擦布若干、记录纸、记录笔。

（3）检查计量箱内溶液液位在2/3以上。

（4）检查药箱是否完好，各阀门是否灵活好用，加药系统的管路阀门无漏泄。

（5）检查柱塞泵与电动机无缺陷，油位在1/2以上，油质良好，泵体不漏油，压力表好用。

操作程序：

（1）磷酸盐溶液的配制。

① 在计量箱内加入工业磷酸钠5kg，开启除盐水阀门向计量箱内加水近满。

② 启动计量箱上的搅拌电动机待5min后计量箱内磷酸钠全部溶解，停止搅拌电动机运行。

（2）磷酸加药泵的启动。

① 开启磷酸钠计量箱出口门。

② 开启磷酸钠加药泵出入口门，磷酸钠加药泵出口至母管联络门。

③ 通知锅炉值班员开启汽包加药门，启动磷酸钠加药泵，待压力正常，无异常情况，方可离罐。

（3）磷酸钠加药泵的运行。

① 每小时检查一次运行状态。

② 每2h取样化验一次炉水磷酸根含量，根据炉水磷酸

根含量调整磷酸钠的加入量。

③ 当化验磷酸根不合格时、要及时调整加药泵相对行程，当活塞杆行程调至极限位置后，磷酸根仍不合格时，要适当调节磷酸钠溶液浓度，以维持水质合格。

④ 当加药泵检修或出现缺陷无法运行时，可用备用泵加药。

⑤ 当给水硬度、二氧化硅升高时，应相应增大磷酸钠加药量。

(4) 磷酸钠加药泵的停止。

① 停止加药泵运行，关闭泵出入口门。

② 正常备有时可不关出入口门。

操作安全提示：

(1) 不慎与眼睛接触后，请立即用大量清水冲洗并征求医生意见。

(2) 皮肤接触时，脱去污染的衣着，立即用大量流动清水彻底冲洗至少 15min。就医。

(3) 吸入时应迅速脱离现场至空气新鲜处。保持呼吸道通畅。呼吸困难时给输氧。呼吸停止时，立即进行人工呼吸。就医。

(4) 误服者立即漱口，给饮牛奶或蛋清。就医。

11. 给水加乙醛肟操作。

准备工作：

(1) 正确穿戴劳动保护用品，包括安全帽、自吸过滤式防尘口罩、化学安全防护眼镜、防静电工作服、橡胶手套等。

(2) 工用具、材料准备：手电筒 1 把、擦布若干、记录纸、记录笔。

（3）保证加药间通风良好。

（4）检查计量箱内溶液液位在 2/3 以上。

（5）检查药箱是否完好，各阀门是否灵活好用，加药系统的管路阀门无漏泄。

（6）检查柱塞泵与电动机无缺陷，油位在 1/2 以上，油质良好，泵体不漏油，压力表好用。

操作程序：

（1）乙醛肟溶液的配制。

① 在计量箱内加入乙醛肟溶液 12kg（浓度为 30%），开启除盐水截门向计量箱加水至近满。

② 启动搅拌电动机、搅拌 3～5min 后停止搅拌电动机，盖好计量箱顶盖。

（2）乙醛肟的加入。

① 给水泵启动后要及时加入乙醛肟溶液，通知汽机值班员开启乙醛肟加药泵至除氧器水箱下水管一次门。

② 开启乙醛肟溶液计量箱出口门和泵入出口门，开启压力表截门。

③ 启动乙醛肟加药泵，调整泵的相对行程，控制浮子流量计加药流量最大不超过 30L/h。

④ 给水乙醛肟控制量为 50～100μg/L，在给水溶解氧合格的前提下，应尽量降低乙醛肟的加药量。

⑤ 每 2h 检查一次加药设备的运行情况，泵与电动机无异响，油位正常，系统无漏油、漏药现象，乙醛肟计量箱药位正常。

⑥ 化学值班员要及时了解给水泵的启停时间，并及时启停乙醛肟加药泵。

操作安全提示：

（1）健康危害：吸入后对鼻、咽喉、肺部有刺激作用。皮肤和眼接触有刺激性。

（2）皮肤接触：脱去污染的衣着，用大量流动清水冲洗。

（3）眼睛接触：提起眼睑，用流动清水或生理盐水冲洗。就医。

（4）吸入：脱离现场至空气新鲜处。如呼吸困难，给输氧。就医。

（5）食入：饮足量温水，催吐。就医。

（6）乙醛肟易燃，有毒，具刺激性，储存于阴凉、通风的库房。远离火种、热源。库温不宜超过30℃。应与氧化剂、酸类、食用化学品分开存放，切忌混储。

（7）使用防爆型的通风系统和设备。

（8）搬运时要轻装轻卸，防止包装及容器损坏。

（9）倒空的容器可能残留有害物。

12. 锅炉的停炉保护操作。

准备工作：

（1）正确穿戴劳动保护用品。

（2）工用具、材料准备：取样篮1个、长柄取样钳1把、取样瓶若干、锥形瓶若干、分析实验仪器1套、记录纸、记录笔。

（3）各加药泵与电动机无缺陷，油位在1/2以上，油质良好，泵体不漏油，压力表好用。

操作程序：

（1）满水保护（停炉期限在5d以内）。

① 锅炉停运后，立即停止向炉内加药，关闭连续排污及气水取样门，通知锅炉换水。

② 保持汽包内最高可见水位，自然降压至给水温度对应的饱和蒸气压力时，用除氧后的锅炉给水换掉炉水。

③ 测定炉水磷酸根小于 1mg/L，溶解氧低于 7μg/L 后，停止换水。

④ 当过热器壁温低于给水温度时，开启锅炉最高点空气门，由过热器反冲洗管或出口联箱的疏水管充入给水，直至空气门溢流后关闭空气门。

⑤ 在保持压力 0.5 ～ 1.0MPa 下，使给水从炉内或饱和蒸气取样器处溢流，溢流量控制在 50 ～ 200L/h。

⑥ 停炉期间，化学值班员每班测定一次溶解氧和磷酸根，如发现不合格，及时通知锅炉换水。

（2）余热烘干保护：（停炉期限 5d 以上，30d 以内）。

① 当锅炉压力降至 0.5 ～ 0.8MPa 时，迅速关闭各档板及炉门，放尽炉水。

② 放水后全开汽包空气门，采用自然通风将锅炉内湿气排出。

③ 停炉备用期间，要求锅炉内空气温度低于 80%，每周测定一次。

（3）长期停炉的保护工作（停炉 30d 以上，以采用十八胺作为保护剂）。

① 停运前一天由生产科通知化学分厂，化学分厂接到通知后准备好十八胺药品。

② 实施保护措施前 2h，加药系统停运，清理加药箱并冲洗干净。

③ 系统停止加药前控制炉水 pH 值在 9.5 ～ 10.0，控制磷酸根在 2 ～ 10mg/L，给水 pH 值控制在 8.8 ～ 9.3。机组滑停时，机组运行人员掌握滑停幅度，化学人员准确掌握并

记录机组的运行参数。

④ 当主蒸汽温度降低至450℃时，关闭连排一、二次门，启动中继泵，按加药流程将预备好的十八胺加入给水系统：疏水箱冲洗→加药至疏水箱以1：20比例配制药液（闭路循环）→低脱（打循环备用）→中继泵→高脱→给水泵→锅炉。

⑤ 药液打入低脱备用，并冲洗疏水箱系统两次，冲洗液也一起打入低脱，冲洗液打入低脱后与药液一起打循环备用。

⑥ 加药量：向疏水箱加"十八胺"400kg（220t/h的锅炉，4‰浓度）；加药完成后维持机组循环2h，然后停机。

⑦ 当压力降至0.5～0.8MPa时，带压热炉放水，运行人员按热炉放水、余热烘干的操作步骤继续后面的停炉操作。

⑧ 停炉后要检查汽包，水冷壁下联箱、除氧器等各个可能积淤泥的部位，如果发现有十八胺剥离下来的水垢，应认真清理干净。

⑨ 机组停用后重新启动，按规程进行冷、热态冲洗操作，严格执行机组启动期间的化学监督制度。

操作安全提示：

（1）就地取高温水样时应注意防止烫伤。

（2）十八胺对皮肤、眼睛和黏膜有刺激性，接触后应用清水冲洗。

（3）停机后检查汽包时注意防止磕碰，检查时应有人监护，并轮流进行，防止密闭容器内缺氧发生事故。

13. 启动调节水泵操作。

准备工作：

（1）正确穿戴劳动保护用品。

（2）工用具、材料准备：200mm 活扳手 1 把、润滑油、擦布若干、记录纸、记录笔。

操作程序：

（1）启动前的检查。

① 检查系统及工艺管线各连接处的螺栓是否牢固，有无泄漏。

② 清理水泵、电动机周围的杂物。

③ 检查靠背轮连接螺栓牢固好用，防护罩完好，搬动对轮应轻快无阻，无卡涩和摩擦现象。

④ 检查地脚螺栓牢固，电动机接地线完好，绝缘合格。

⑤ 检查油室油位，油质情况，在油面镜 1/2 ～ 2/3，油质良好不漏油。

⑥ 检查仪表完好情况，电压表、电流表指示零位或指示正常。

⑦ 检查水泵入口门应全开，出口门处于关闭状态，回用水箱液位不低于 1.3m。

⑧ 检查电动机电源电压情况，电压允许变化范围为 380V±19V。

（2）启动调节水泵。

① 开启调节水泵出口门，向自吸泵内注水至注满。

② 按下泵启动按钮。

③ 检查入口负压表，符合设计规范（-0.1 ～ -0.08MPa），及出口压力表在规定范围（0.2 ～ 0.3MPa）。

④ 待压力至 0.2 ～ 0.3MPa 时，水泵及电动机运转正常，无异响无振动时，并入系统运行。

⑤ 检查泵出口压力符合设计规范 0.6MPa，电动机最大电流不应超过设计规范 103A，电动机温度低于 100℃，电

动机温升低于 65℃，水泵温度低于 80℃，轴承温升小于45℃。

⑥ 检查机械密封无过热现象。

（3）收拾工具，清理现场。

操作安全提示：

（1）按泵的定期切换制度进行切换运行。

（2）增加负荷时，严格注意转动设备运行参数，不允许超过额定值。

（3）因系统漏泄或厂房漏雨水溅到电动机上时，应立即停止水泵运行，用物品将电动机盖好，堵住漏点通知电气人员测定绝缘。

14. 启动鼓风机操作。

准备工作：

（1）正确穿戴劳动保护用品。

（2）工用具、材料准备：200mm 活扳手 1 把、润滑油、擦布若干、记录纸、记录笔。

操作程序：

（1）启动前的检查。

① 检查系统及工艺管线各连接处的螺栓是否牢固，有无泄漏。

② 清理水泵、电动机周围的杂物。

③ 检查靠背轮联接螺栓牢固好用，防护罩完好，扳动对轮应轻快无阻，无卡涩和摩擦现象。

④ 检查地脚螺栓牢固，电动机接地线完好，绝缘合格。

⑤ 检查油室油位，油质情况，在油面镜 1/2 ～ 2/3，油质良好不漏油。

⑥ 检查仪表完好情况，电压表、电流表指示零位或指

示正常。

⑦检查各池进风门、旁路门处于开启状态。

⑧检查电动机电源电压情况，电压允许变化范围为380V±19V。

（2）启动鼓风机。

①启动开关，待鼓风机运行平稳打开出口门。

②通过旁路阀门调节各池进风量为最佳状态。

③罗茨风机运行过程中压力不准超过 0.045MPa，安全阀动作压力为 0.058MPa。

④检查泵电动机最大电流不应超过设计规范 102.5A。

⑤电动机温度低于 100℃，电动机温升小于 65℃。

⑥检查机械密封无过热现象。

操作安全提示：

（1）按泵的定期切换制度进行切换运行。

（2）增加负荷时，严格注意转动设备运行参数，不允许超过额定值。

（3）间断运行的设备，运行时要始终有人看管。

（4）因系统漏泄或厂房漏雨水溅到电动机上时，应立即停止水泵运行，用物品将电动机盖好，堵住漏点通知电气人员测定绝缘。

（5）启动鼓风机时应站在防护罩的安全范围内，以防皮带飞出伤人。

15. 巡视污水站运行设备操作。

准备工作：

（1）正确穿戴劳动保护用品。

（2）工用具、材料准备：200mm 活扳手 1 把、润滑油、擦布若干、记录纸、记录笔、手电筒 1 只。

操作程序：

（1）巡视前。

① 值班员对管辖的设备应清楚。

② 在接班检查时应明确设备运行的状态，发生和处理过的缺陷，上一个班曾进行过的操作。

③ 接班时是否有设备处于不正常状态。

④ 穿戴好劳动保护用具，带好工用具。

（2）巡视中。

① 检查水质时，出水浊度小于200FNU，pH值6～9，气浮效果良好。

② 巡视调节泵时电压380V±19V，电流40A，压力表指示正常，电动机温度低于100℃，电动机温升小于65℃，水泵温度低于80℃，轴承温升小于45℃，机械密封无过热现象，水泵电动机运转正常无异响及振动现象。

③ 巡视回用泵时电压380V±19V，电流103A，压力表指示正常，电动机温度低于100℃，电动机温升小于65℃，水泵温度低于80℃，轴承温升小于45℃，检查油室油位在油面镜1/2～2/3处，油质良好不漏油，水泵电动机运转正常无异响及振动现象。

④ 巡视鼓风机时电压380V±19V，电流103A，压力表指示正常，电动机温度低于100℃，电动机温升小于65℃，水泵温度低于80℃，轴承温升小于45℃，检查油室油位在油面镜1/2～2/3处，油质良好不漏油电动机运转正常，无异响及振动现象。

（3）巡视后。

① 巡回检查中发现的问题，应详细记录在值班日志内，并汇报有关领导以及联系相关人员处理。

② 对特殊方式运行的设备应增加巡回检查的次数和项目。

③ 间断运行的设备，运行时要始终有人看管。

操作安全提示：

（1）按泵的定期切换制度进行切换运行。

（2）增加负荷时，严格注意转动设备运行参数，不允许超过额定值。

（3）间断运行的设备，运行时要始终有人看管。

（4）因系统漏泄或厂房漏雨水溅到电动机上时，应立即停止水泵运行，用物品将电动机盖好，堵住漏点通知电气人员测定绝缘。

16. 停止调节水泵操作。

准备工作：

（1）正确穿戴劳动保护用品。

（2）工用具、材料准备：200mm 活扳手 1 把、润滑油、擦布若干、记录纸、记录笔。

操作程序：

（1）检查系统及工艺管线各连接处的螺栓是否牢固，有无泄漏。

（2）检查调节水泵运行情况，检查泵出口压力符合设计规范 0.6MPa。

（3）检查仪表情况，检查电动机电源电压在 380V±19V 以内。

（4）汇报班长联系除尘分厂，污水站停运，关闭消防泵房向调节水箱进水门。

（5）关闭出口门。

（6）断开电源操作开关。

操作安全提示：

（1）按泵的定期切换制度进行切换运行。

（2）因系统漏泄或厂房漏雨水溅到电动机上时，应立即停止水泵运行，用物品将电动机盖好，堵住漏点通知电气人员测定绝缘。

（3）如泵体需检修时，则需关闭泵入口门，联系电气值班员停电。

（4）投入联动的运行泵停止时，停止操作之前应将该泵联动开关置于解列挡。

（5）发生机械伤害，立即使伤者脱离伤害源，进行应急包扎后，送往医院救治。

17. 停止鼓风机操作。

准备工作：

（1）正确穿戴劳动保护用品。

（2）工用具、材料准备：200mm 活扳手 1 把、润滑油、擦布若干、记录纸、记录笔。

操作程序：

（1）检查系统及工艺管线各连接处的螺栓是否牢固，有无泄漏。

（2）检查靠背轮联接螺栓牢固好用，防护罩完好。

（3）检查地脚螺栓牢固，电动机接地线完好，绝缘合格。

（4）检查油室油位，油质情况，在油面镜 1/2 ～ 2/3，油质良好不漏油。

（5）检查仪表完好情况，电压表、电流表指示正常。

（6）检查电动机电源电压情况，电压允许变化范围为 380V±19V。

（7）打开旁路阀门。

（8）关闭出口门，断开电源操作开关，停止运行。

操作安全提示：

（1）按转机设备的定期切换制度进行切换运行。

（2）因系统漏泄或厂房漏雨水溅到电动机上时，应立即停止水泵运行，用物品将电动机盖好，堵住漏点通知电气人员测定绝缘。

（3）发生机械伤害，立即使伤者脱离伤害源，进行应急包扎后，送往医院救治。

18. 启动回用泵操作。

准备工作：

（1）正确穿戴劳动保护用品。

（2）工用具、材料准备：200mm 活扳手 1 把、润滑油、擦布若干、记录纸、记录笔。

操作程序：

（1）启动前的检查。

① 检查系统及工艺管线各连接处的螺栓是否牢固，有无泄漏。

② 清理水泵、电动机周围的杂物。

③ 检查靠背轮联接螺栓牢固好用，防护罩完好，搬动对轮应轻快无阻，无卡涩和摩擦现象。

④ 检查地脚螺栓牢固，电动机接地线完好，绝缘合格。

⑤ 检查油室油位，油质情况，在油面镜 $1/2 \sim 2/3$，油质良好不漏油。

⑥ 检查仪表完好情况，电压表、电流表指示零位或指示正常。

⑦ 检查水泵入口门应全开，出口门处于关闭状态，回用水箱不低于 1.3m。

⑧ 检查电动机电源电压情况，电压允许变化范围为380V±19V。

（2）启动回用水泵。

① 开启泵空气门，待空气门出水后关闭，按下泵启动按钮。

② 待压力升至0.4MPa，水泵及电动机运转正常，无异响及无振动时，开启泵出口门并入系统运行。

③ 检查泵出口压力符合设计规范0.6MPa，电动机最大电流不应超过设计规范103A，电动机温度低于100℃，电动机温升小于65℃，水泵温度低于80℃，轴承温升小于45℃。

④ 检查机械密封无过热现象。

（3）收拾工具，清理现场。

操作安全提示：

（1）按泵的定期切换制度进行切换运行。

（2）增加负荷时，严格注意转动设备运行参数，不允许超过额定值。

（3）因系统漏泄或厂房漏雨水溅到电动机上时，应立即停止水泵运行，用物品将电动机盖好，堵住漏点通知电气人员测定绝缘。

（4）如泵体需检修时，则需关闭泵入口门，联系电气值班员停电。

（5）发生机械伤害，立即使伤者脱离伤害源，进行应急包扎后，送往医院救治。

19. 停止回用水泵操作。

准备工作：

（1）正确穿戴劳动保护用品。

（2）工用具、材料准备：200mm活扳手1把、润滑油、擦布若干、记录纸、记录笔。

操作程序：

（1）检查系统及工艺管线各连接处的螺栓是否牢固，有无泄漏。

（2）检查回用水泵运行情况，检查泵出口压力符合设计规范0.6MPa。

（3）检查仪表情况，检查电动机电源电压在380V±19V以内。

（4）汇报班长联系除尘分厂，污水站停运。

（5）关闭出口门。

（6）断开电源操作开关。

（7）收拾工具，清理现场。

操作安全提示：

（1）按泵的定期切换制度进行切换运行。

（2）如泵体需检修时，则需关闭泵入口门，联系电气值班员停电。

（3）投入联动的运行泵停止时，停止操作之前应将该泵联动开关置于解列挡。

（4）发生机械伤害，立即使伤者脱离伤害源，进行应急包扎后，送往医院救治。

20.启动回流水泵操作。

准备工作：

（1）正确穿戴劳动保护用品。

（2）工用具、材料准备：200mm活扳手1把、润滑油、擦布若干、记录纸、记录笔。

操作程序：

（1）检查系统及工艺管线各连接处的螺栓是否牢固，有无泄漏。

（2）清理水泵、电动机周围的杂物。

（3）检查靠背轮联接螺栓牢固好用，防护罩完好，搬动对轮应轻快无阻，无卡涩和摩擦现象。

（4）检查地脚螺栓牢固，电动机接地线完好，绝缘合格。

（5）检查油室油位，油质情况，在油面镜 1/2 ～ 2/3，油质良好不漏油。

（6）检查仪表完好情况，电压表、电流表指示零位或指示正常。

（7）检查水泵入口门应全开，出口门处于关闭状态，回用水箱不低于 1.3m。

（8）检查电动机电源电压情况，电压允许变化范围为 380V±19V。

（9）开启泵空气门，待空气门出水后关闭，按下泵启动按钮。

（10）待压力升至 0.4MPa，水泵及电动机运转正常，无异响及无振动时，开启泵出口门并入系统运行。

（11）检查泵出口压力符合设计规范 0.6MPa，电动机最大电流不应超过设计规范 103A，电动机温度低于 100℃，电动机温升小于 65℃，水泵温度低于 80℃，轴承温升小于 45℃。

（12）检查机械密封无过热现象。

（13）收拾工具，清理现场。

操作安全提示：

（1）按泵的定期切换制度进行切换运行。

（2）增加负荷时，严格注意转动设备运行参数，不允许超过额定值。

（3）因系统漏泄或厂房漏雨水溅到电动机上时，应立即停止水泵运行，用物品将电动机盖好，堵住漏点通知电气人员测定绝缘。

（4）如泵体需检修时，则需关闭泵入口门，联系电气值班员停电。

（5）发生机械伤害，立即使伤者脱离伤害源，进行应急包扎后，送往医院救治。

21. 停止回流水泵操作。

准备工作：

（1）正确穿戴劳动保护用品。

（2）工用具、材料准备：200mm 活扳手 1 把、润滑油、擦布若干、记录纸、记录笔。

操作程序：

（1）检查系统及工艺管线各连接处的螺栓是否牢固，有无泄漏。

（2）检查回流水泵运行情况，检查泵出口压力符合设计规范 0.6MPa。

（3）检查仪表情况，检查电动机电源电压在 380V±19V 以内。

（4）汇报班长。

（5）关闭出口门。

（6）断开电源操作开关。

（7）收拾工具，清理现场。

操作安全提示：

（1）按泵的定期切换制度进行切换运行。

（2）如泵体需检修时，则需关闭泵入口门，联系电气值班员停电。

（3）投入联动的运行泵停止时，停止操作之前应将该泵联动开关置于解列挡。

（4）发生机械伤害，立即使伤者脱离伤害源，进行应急包扎后，送往医院救治。

22. 再生阳离子交换器操作。

准备工作：

（1）正确穿戴劳动保护用品。

（2）工用具、材料准备：F形扳手1把。

操作程序：

（1）小反洗：用小流量清水对压脂层由下向上进行冲洗。

（2）放水：将交换器内水放至中排管。

（3）进酸：使用喷射器将盐酸的水溶液打进交换器。

（4）置换：用小流量二级除盐水冲洗交换器内树脂中的再生液。

（5）小正洗：用大流量清水冲洗交换器内压脂层。

（6）正洗：用大流量清水按运行方向冲洗交换器内树脂。

（7）收拾工具，清理现场。

操作安全提示：

（1）进酸时，防止灼伤。

（2）使用F形扳手开关阀门时，防止滑脱。

23. 再生阴离子交换器操作。

准备工作：

（1）正确穿戴劳动保护用品。

（2）工用具、材料准备：F形扳手1把。

操作程序：

（1）落床：关闭交换器出入口门。

（2）进碱：使用喷射器将氢氧化钠的水溶液打进交换器。

（3）置换：用小流量二级除盐水冲洗交换器内树脂中的再生液。

（4）正洗：用大流量一级除盐水冲洗交换器内树脂。

（5）顺洗：用大流量清水按运行方向冲洗交换器内树脂。

（6）收拾工具，清理现场。

操作安全提示：

（1）进碱时，防止灼伤。

（2）使用F形扳手开关阀门时，防止滑脱。

24.风擦洗活性炭过滤器操作。

准备工作：

（1）正确穿戴劳动保护用品。

（2）工用具、材料准备：F形扳手1把。

操作程序：

（1）反洗：用大流量清水由下至上冲洗过滤器内活性炭粒。

（2）放水：将过滤器内水放至活性炭粒上200～300mm处。

（3）风擦洗：用压缩空气吹洗过滤器内活性炭粒。

（4）反洗：用大流量清水由下至上冲洗过滤器内活性炭粒。

（5）正洗：用大量清水按运行方向冲洗过滤器内活性

炭粒。

(6) 收拾工具，清理现场。

操作安全提示：

使用 F 形扳手开关阀门时，防止滑脱。

25. 正洗阳离子交换器操作。

准备工作：

(1) 正确穿戴劳动保护用品。

(2) 工用具、材料准备：F 形扳手 1 把。

操作程序：

(1) 满水：开入口门和空气门将交换器注满水。

(2) 正洗：按运行制水方向对树脂进行清洗至水质合格。

(3) 收拾工具，清理现场。

操作安全提示：

使用 F 形扳手开关阀门时，防止滑脱。

26. 正洗阴离子交换器操作。

准备工作：

(1) 正确穿戴劳动保护用品。

(2) 工用具、材料准备：F 形扳手 1 把。

操作程序：

(1) 满水：开入口门和空气门将交换器注满水。

(2) 正洗：按运行制水方向对树脂进行清洗至水质合格。

(3) 收拾工具，清理现场。

操作安全提示：

使用 F 形扳手开关阀门时，防止滑脱。

27. 正洗混合离子交换器操作。

准备工作：

(1) 正确穿戴劳动保护用品。

(2) 工用具、材料准备：F形扳手1把。

操作程序：

(1) 满水：开入口门和空气门将交换器注满水。

(2) 正洗：按运行制水方向对树脂进行清洗至水质合格。

(3) 收拾工具，清理现场。

操作安全提示：

使用F形扳手开关阀门时，防止滑脱。

28．正洗弱酸离子交换器操作。

准备工作：

(1) 正确穿戴劳动保护用品。

(2) 工用具、材料准备：F形扳手1把。

操作程序：

(1) 满水：开入口门和空气门将交换器注满水。

(2) 正洗：按运行制水方向对树脂进行清洗至水质合格。

(3) 收拾工具，清理现场。

操作安全提示：

使用F形扳手开关阀门时，防止滑脱。

29．正洗活性炭过滤器操作。

准备工作：

(1) 正确穿戴劳动保护用品。

(2) 工用具、材料准备：F形扳手1把。

操作程序：

(1) 满水：开入口门和空气门将交换器注满水。

(2) 正洗：按运行制水方向对活性炭粒进行清洗至水质合格。

（3）收拾工具，清理现场。

操作安全提示：

使用F形扳手开关阀门时，防止滑脱。

30. 启动阳离子交换器操作。

准备工作：

（1）正确穿戴劳动保护用品。

（2）工用具、材料准备：F形扳手1把。

操作程序：

（1）满水：开入口门和空气门将交换器注满水。

（2）正洗：按运行制水方向对树脂进行清洗至水质合格。

（3）运行：开出口门投入运行。

（4）收拾工具，清理现场。

操作安全提示：

使用F形扳手开关阀门时，防止滑脱。

31. 启动阴离子交换器操作。

准备工作：

（1）正确穿戴劳动保护用品。

（2）工用具、材料准备：F形扳手1把。

操作程序：

（1）满水：开入口门和空气门将交换器注满水。

（2）正洗：按运行制水方向对树脂进行清洗至水质合格。

（3）运行：开出口门投入运行。

（4）收拾工具，清理现场。

操作安全提示：

使用F形扳手开关阀门时，防止滑脱。

32. 启动混合离子交换器操作。

准备工作：

(1) 正确穿戴劳动保护用品。

(2) 工用具、材料准备：F形扳手1把。

操作程序：

(1) 满水：开入口门和空气门将交换器注满水。

(2) 正洗：按运行制水方向对树脂进行清洗至水质合格。

(3) 运行：开出口门投入运行。

(4) 收拾工具，清理现场。

操作安全提示：

使用F形扳手开关阀门时，防止滑脱。

33. 启动弱酸阳离子交换器操作。

准备工作：

(1) 正确穿戴劳动保护用品。

(2) 工用具、材料准备：F形扳手1把。

操作程序：

(1) 满水：开入口门和空气门将交换器注满水。

(2) 正洗：按运行制水方向对树脂进行清洗至水质合格。

(3) 运行：开出口门投入运行。

(4) 收拾工具，清理现场。

操作安全提示：

使用F形扳手开关阀门时，防止滑脱。

34. 启动活性炭过滤器操作。

准备工作：

(1) 正确穿戴劳动保护用品。

（2）工用具、材料准备：F形扳手1把。

操作程序：

（1）满水：开入口门和空气门将交换器注满水。

（2）正洗：按运行制水方向对活性炭粒进行清洗至水质合格。

（3）运行：开出口门投入运行。

（4）收拾工具，清理现场。

操作安全提示：

使用F形扳手开关阀门时，防止滑脱。

35.反洗阳离子交换器操作。

准备工作：

（1）正确穿戴劳动保护用品。

（2）工用具、材料准备：F形扳手1把。

操作程序：

（1）满水：开入口门和空气门将交换器注满水。

（2）反洗：按运行制水相反方向对树脂进行冲洗至水清合格。

（3）收拾工具，清理现场。

操作安全提示：

使用F形扳手开关阀门时，防止滑脱。

36.反洗混合离子交换器操作。

准备工作：

（1）正确穿戴劳动保护用品。

（2）工用具、材料准备：F形扳手1把。

操作程序：

（1）满水：开入口门和空气门将交换器注满水。

（2）反洗：按运行制水相反方向对树脂进行冲洗至水

清合格。

(3) 收拾工具，清理现场。

操作安全提示：

使用 F 形扳手开关阀门时，防止滑脱。

37. 反洗弱酸阳离子交换器操作。

准备工作：

(1) 正确穿戴劳动保护用品。

(2) 工用具、材料准备：F 形扳手 1 把。

操作程序：

(1) 满水：开入口门和空气门将交换器注满水。

(2) 反洗：按运行制水相反方向对树脂进行冲洗至水清合格。

(3) 收拾工具，清理现场。

操作安全提示：

使用 F 形扳手开关阀门时，防止滑脱。

38. 反洗活性炭过滤器操作。

准备工作：

(1) 正确穿戴劳动保护用品。

(2) 工用具、材料准备：F 形扳手 1 把。

操作程序：

(1) 满水：开入口门和空气门将交换器注满水。

(2) 反洗：按运行制水相反方向对活性炭粒进行冲洗至水清合格。

(3) 收拾工具，清理现场。

操作安全提示：

使用 F 形扳手开关阀门时，防止滑脱。

39.用容量法测定水样的硬度操作（测定范围：0.1～5mmol/L 水样硬度）。

准备工作：

（1）正确穿戴劳动保护用品。

（2）工具、用具、材料准备。

操作程序：

（1）取样：准确量取 100mL 水样，注入 250mL 锥形瓶中。

（2）调整水样 pH 值：水样酸性或碱性很高时，用 5% 氢氧化钠溶液或盐酸溶液（1+4）中和。

（3）加缓冲溶液和指示剂：向水样中加入 5mL 氨‐氯化铵缓冲溶液，加 2～3 滴 5% 铬黑 T 指示剂。

（4）滴定：不断摇动，用 EDTA 标准溶液进行滴定，溶液由酒红色转为蓝色，即为终点，接近终点时应缓慢滴定。全部过程在 5min 完成，同时进行空白试验。

（5）计算：

水样硬度 X（mmol/L）：

$$X=[（a-b）\times T/V]\times 1000$$

式中　a——滴定水样消耗 EDTA 标准溶液体积，mL；

　　　b——滴定空白溶液消耗 EDTA 标准溶液体积，mL；

　　　T——EDTA 标准溶液对钙硬度的滴定度，mmol/mL；

　　　V——水样体积，mL。

40.用容量法测定水样的碱度操作（碱度≤2mmol/L）。

准备工作：

（1）正确穿戴劳动保护用品。

（2）工具、用具、材料准备。

操作程序：

（1）取样：准确量取 100mL 水样，注入 250mL 锥形瓶中。

（2）滴定。

第一种情况：加入 2 ～ 3 滴酚酞指示剂，溶液若显红色，则用酸式滴定管以 0.1000mmol/L 的硫酸标准溶液滴定至恰好无色，记录硫酸标准溶液消耗的体积 a；再加入 2 滴甲基红 - 亚甲基蓝指示剂，用 0.1000mmol/L 硫酸标准溶液滴定至紫色为止，记录硫酸标准溶液消耗的体积 b（不包括 a）。

第二种情况：加入 2 ～ 3 滴酚酞指示剂，溶液若无色，加入 2 滴甲基橙指示剂，用 0.1000mmol/L 硫酸标准溶液滴定至橙红色为止，记录硫酸标准溶液消耗的体积 b（不包括 a）。

（3）计算。

酚酞碱度和全碱度按下式计算：

$$(JD)_{酚} = (c \times a \times 1000)/V$$
$$(JD)_{全} = [c \times (a+b) \times 1000]/V$$

式中　$(JD)_{酚}$——酚酞碱度，mmol/L；

$(JD)_{全}$——全碱度，mmol/L；

c——硫酸标准溶液的氢离子浓度，mol/L；

a——第一终点硫酸溶液消耗的体积，mL；

b——第二终点硫酸溶液消耗的体积，mL；

V——所取水样的体积，mL。

41. 用钼蓝比色法测定水样中的活性硅操作（水中硅含量大于 0.5mg/L）。

准备工作：

（1）正确穿戴劳动保护用品。

（2）工具、用具、材料准备。

操作程序：

（1）取样。

① 用吸量管向一组比色管中分别注入 0.25mL、0.5mL、1.0mL、1.5mL、2.0mL、2.5mL 二氧化硅工作液，用无硅水稀释至 10mL。

② 取 10mL 水样注入另一支比色管中。

③ 用滴定管向比色管中各加 0.2mL 5mol/L 硫酸溶液和 1mL 钼酸铵溶液，摇匀。

（2）滴定。

① 静置 5min 后，用滴定管各加入 5mL 5mol/L 硫酸溶液，摇匀。

② 静置 1min 后，各加入 2 滴氯化亚锡溶液，摇匀。

③ 静置 5min 后进行比色。

（3）计算。

$$\rho_{SiO_2} = (C \times a / V) \times 1000$$

式中　C——配标准色用的二氧化硅工作溶液浓度，mg/mL；

　　　a——与水样颜色相当的标准色中二氧化硅工作溶液加入量，mL；

　　　V——水样的体积，mL。

42. 化验站闭式冷却水泵启动操作。

准备工作：

（1）正确穿戴劳动保护用品。

（2）工用具、材料准备：F 形扳手 1 把。

操作程序：

（1）打开工业冷却水进出口总阀门。

（2）缓慢打开工业冷却水出水阀门。

（3）开启出盐水闭式循环以及汽水取样装置之间所有

除盐水关阀门。

（4）选择启动主离心泵 1 或备用泵 2，将联锁控制开关打在联锁位置、启开离开泵出口门。

操作安全提示：

调整压力为 0.35 ～ 0.5MPa，水泵及电动机运转正常，无异响及无振动时，并入系统运行，确认无异常后操作人员方可离开。

43.反渗透污染指数测定操作。

准备工作：

（1）正确穿戴好防护用品。

（2）工用具、材料准备：污染指数测定仪 1 个、秒表 1 个、500mL 的量筒 1 个、滤纸若干、螺丝刀 1 把、记录纸、记录笔。

操作程序：

（1）将 SDI 测定仪连接到取样点上（此时在测定仪内不装滤膜）。

（2）打开测定仪上的阀门，对系统进行彻底冲洗数分钟。

（3）关闭测定仪上的阀门，然后用钝头的镊子将 0.45μm 的滤膜放入滤膜夹具内。

（4）确认 O 形圈完好，将 O 形圈准确放在滤膜上，随后将上半个滤膜夹具盖好，并用螺栓固定。

（5）稍开阀门，在水流动的情况下，慢慢拧松 1 ～ 2 个蝶型螺栓以排除滤膜处的空气。

（6）确信空气已全部排尽且保持水流连续的基础上，重新拧紧蝶型螺栓。

（7）完全打开阀门，并调整压力调节器，直至压力保持在 30psi 为止。

（8）用 500mL 的量筒收集水样，在水样刚进入容器的时候即用秒表开始计时，收取 500mL 水样所需时间 T_0（s）。

（9）水样继续流动 15min 后，再次用量筒收集水样 500mL，并记录所需时间 T_{15}（s）。

（10）关闭取样进水球阀，松开微孔膜过滤容器的蝶型螺栓，将滤膜取出保存，擦干微孔过滤器及微孔膜支撑孔板。

操作安全提示：

（1）地面上有水注意防滑。

（2）防止将玻璃器皿破碎伤人。

（3）使用螺丝刀不宜用力过猛。

44. 反渗透化学清洗操作。

准备工作：

（1）正确穿戴好防护用品，如耐酸碱手套、耐酸碱服、护目镜等。

（2）清洗罐中上满除盐水，并将柠檬酸、三聚磷酸钠、EDTA 等药品备好。

操作程序：

（1）反渗透化学清洗的一般原则，先酸后碱。

（2）系统注酸，维持 pH 值为 2～3，先循环 30min，后浸泡 1h，再循环 30min，用纯水冲洗至 pH 值为 6～7。

（3）冲洗的压力不得大于 0.4MPa（0.2MPa 为宜），清洗水温在 25～35℃为好。

（4）系统注碱，维持 pH 值为 10～12，先循环 15min，浸泡 1h，再循环 20min 用纯水冲洗至 pH 值为 6～7。清洗时间不得大于 2h。

操作安全提示：

（1）佩戴好防护用品，防止酸碱灼伤。

（2）一旦酸碱接触皮肤要立即用大量清水冲洗，严重者立即就医。

（3）加药时要防止高空坠落。

45. 填写值班记录操作。

准备工作：

（1）正确穿戴劳动保护用品。

（2）工用具、材料准备：值班记录簿、钢笔或碳素笔。

操作程序：

（1）填写基本内容。

① 交接班完毕后接班人员在值班记录内签字。

② 填写当值日期：××××年××月××日，星期×。

③ 填写当值天气情况：晴、阴、多云、雨、风、雪等。

④ 填写设备运行方式，设备动态。

（2）填写主要内容。

① 及时填写设备巡视情况，包括特殊情况增加巡视。每天 21 点进行一次熄灯检查。

② 填写设备操作情况和受理工作票情况等。

③ 填写运行中的异常现象、设备缺陷及事故的汇报和处理过程。

④ 填写调度和上级有关运行的指令或通知。

⑤ 填写工具、仪表、护具使用情况和卫生、通信、照明情况。

⑥ 填写交接班小结及运行有关的其他事宜。

注意事项：

（1）按时间的先后顺序填写，应使用 24h 制时间格式。

（2）填写字迹工整、字体仿宋，不能涂改。

（3）填写内容正确无误。

（4）填写使用标准术语。

46.填写设备缺陷记录操作。

准备工作：

（1）正确穿戴劳动保护用品。

（2）工用具、材料准备：设备缺陷记录簿、钢笔或碳素笔。

操作程序：

（1）填写基本内容。

① 在时间栏内填写缺陷发生的日期。

② 在发现人栏内填写发现人姓名。

（2）填写主要内容。

① 填写缺陷发生时间。

② 填写缺陷的具体部位。

③ "领导意见"一栏由相关人员填写缺陷种类（紧急、重大、一般缺陷）并签名。

④ 缺陷处理完毕后，由消除人在消除日期栏内填写消除日期。

⑤ 消除人在消除人栏、验收人在验收人栏分别签名。

注意事项：

（1）连续性填写，不设专页。

（2）未处理彻底而遗留的缺陷要重新填写。

（3）检修、运行人员双方签字。

（4）按时间的先后顺序填写。

（5）填写字迹工整、字体仿宋。

（6）填写内容正确无误，使用标准术语。

（7）与相关的记录相互衔接。

47. 化学清洗超滤操作。

准备工作：

（1）正确穿戴劳动保护用品。

（2）准备好柠檬酸、氢氧化钠等清洗药品。

操作程序：

（1）用 EDI 产品水与柠檬酸或氢氧化钠在化学清洗罐内配置清洗药剂，酸洗时将 pH 值维持在 2 左右，碱洗时将 pH 值维持在 12 左右。

（2）将超滤装置的运行出入口阀门、正反洗出入口阀门关闭，打开化学清洗入口阀和出口阀（出口阀门交替打开），启动化学清洗泵，进入清洗状态。

（3）清洗液循环 20min 后，停止清洗泵，浸泡 30min。

（4）如此反复 2～3 次，停化学清洗泵，关闭化学清洗入口阀、出口阀。

（5）对超滤进行正洗、反洗操作，3～5min。

操作安全提示：

（1）佩戴好防护用品，防止酸碱灼伤。

（2）一旦酸碱接触皮肤要立即用大量清水冲洗，严重者立即就医。

（3）加药时要防止高空坠落。

48. 酸洗 EDI 浓水侧操作。

准备工作：

（1）正确穿戴好劳动防护用品。

（2）准备好柠檬酸等化学清洗药品。

操作程序：

（1）先将 EDI 膜块停电，用 EDI 产水配备 5％的柠檬酸清洗液, pH 值约为 3。

(2) 打开 EDI 化学清洗泵入口阀、精密过滤器出口阀、EDI 化学清洗入口阀、浓水侧入口阀、浓水侧排放阀、清洗回流总阀, 关闭 EDI 产水阀、浓水排放总阀、EDI 运行入口气动阀、淡水侧入口阀。启动化学清洗泵, 打开过滤器排空阀排出液体后关闭, 调节清洗液流量为系统产水量的 30% 左右。

(3) 用泵使清洗液循环清洗 EDI 30min, 然后停泵用清洗液浸泡 EDI 5min。

(4) 在清洗罐中装满 EDI 产品水, 然后用泵来冲洗残留的清洗液, 直到冲洗出水的 pH 值在日常运行的范围内 (中性)。关闭 EDI 化学清洗泵入口阀、精密过滤器出口阀、EDI 化学清洗入口阀、浓水侧排放阀、清洗回流总阀, 打开 EDI 产水阀、浓水排放总阀、EDI 运行入口气动阀、淡水侧入口阀, 然后启动 EDI 给水泵, 继续冲洗至出口水电导率比入口水小 $30\mu S/cm$。

(5) 启动电源, 在再生的模式下运行 EDI, 直到离子进出平衡。

操作安全提示:

(1) 先将 EDI 膜块停电, EDI 模块必须在无电源的情况下进行化学清洗。

(2) 柠檬酸溅到皮肤上要及时冲洗。

49. 清洗 EDI 淡水侧操作。

准备工作:

(1) 穿戴好耐酸碱防护用品, 护目镜等。

(2) 准备好氢氧化钠、氯化钠。

操作程序：

(1) 用 EDI 产品水按 1 : 1 的比例配制 1% 的 NaOH 和 5% 的 NaCl 清洗液。

(2) 打开 EDI 化学清洗泵入口阀、精密过滤器出口阀、EDI 化学清洗入口阀、淡水侧入口阀、淡水侧排放阀、清洗回流总阀，关闭 EDI 产水阀、浓水排放总阀、EDI 运行入口气动阀、浓水侧入口阀。启动化学清洗泵，打开过滤器排空阀排出液体后关闭，调节清洗液流量为系统产水量。

(3) 用泵使清洗液循环清洗 EDI 30min，然后停泵用清洗液浸泡 EDI 5min。

(4) 在清洗罐中装满 EDI 产品水，然后用泵来冲洗残留的清洗液，直到冲洗出水的 pH 值在日常运行的范围内 (中性)。关闭 EDI 化学清洗泵入口阀、精密过滤器出口阀、EDI 化学清洗入口阀、淡水侧排放阀、清洗回流总阀，打开 EDI 产水阀、浓水排放总阀、EDI 运行入口气动阀、浓水侧入口阀。然后启动 EDI 给水泵，继续冲洗至出口水电导率比入口水小 30μS/cm。

(5) 启动电源，在再生的模式下运行 EDI，直到离子进出平衡。

操作安全提示：

(1) 先将 EDI 膜块停电，EDI 模块必须在无电源的情况下进行化学清洗。

(2) 氢氧化钠溅落到皮肤上要及时用大量清水冲洗。

50. 化学清洗 MBR 膜生物反应器操作。

准备工作：

(1) 穿戴好耐酸碱防护用品。

(2) 准备好清洗药剂。

操作程序：

（1）在电脑操作界面上，先停止膜出水泵的运行，再停止膜池鼓风机的运行。关闭膜出水泵入口气动阀和关闭六个 MBR 膜组件上的运行出口阀。

（2）在 MBR 配药罐内配制次氯酸钠水溶液，浓度 3000～5000mg/L，药剂量 4m³。

（3）打开配药罐出口阀，高位药洗罐入口阀。将配制好的次氯酸钠水溶液通过 MBR 药洗泵送入高位药洗罐内，完成后关闭配药罐出口阀、高位药洗罐入口阀。

（4）打开高位药洗罐出口阀，然后打开清洗管路上的 6 组阀门，向膜组件内慢慢加入清洗溶液。

（5）清洗溶液加入时间持续 60min，然后静止 60min。

（6）清洗完后必须先曝气 30min 以上（不能出水），才能恢复正常自动运行。

操作安全提示：

（1）使用次氯酸钠、氢氧化钠、盐酸等药剂化学清洗时，必须戴防护眼镜、橡胶手套等防护用具。

（2）如果化学药剂接触到眼睛、皮肤上时，应立即用大量的清水冲洗，然后送往医院治疗。

51. 污水 RO 设备的启动操作。

准备工作：

启动前检查现场阀门状态。

（1）换热器进水泵入、出口阀开。

（2）精密过滤器 1 号、2 号入、出口阀开。

（3）RO 进水阀开；RO 纯水出水阀开；浓水排放阀开至 5%。

（4）去浓盐水处理间浓水阀开。

（5）清水泵入、出口阀开。

（6）浓盐水处理间氧化处理装置旁路阀1、旁路阀2开。

（7）浓盐水处理间管道泵入、出口阀开，出口阀开度至10%。

（8）RO清洗入口阀关。

（9）RO清洗回流阀关。

（10）通知循环水值班员开回用水补水阀。

操作程序：

（1）换热器进水泵就地控制柜上运行方式旋钮选择"远程"位置。

（2）O就地控制柜上运行方式旋钮选择"集中"位置。

（3）进入西门子上位机"中间水池"监控画面，打开1号换热器进水泵、2号换热器进水泵操作窗口，设定一台为工作泵，另一台为备用泵，选择"自动"运行方式。

（4）进入"反渗透膜组件"监控画面，打开反渗透进水高压泵操作画面，选择"自动"运行方式。

（5）打开清水泵操作画面，设定一台为工作泵，另一台为备用泵，选择"自动"运行方式。

（6）换热器进水泵启动后，开精密过滤器排气阀，出水后关闭。

（7）根据RO进水流量调整浓水排放阀开度，保证纯水流量为进水流量的75%，浓水流量为进水流量的25%。

操作安全提示：

（1）现场阀门多且杂，开关阀门防止磕碰。

（2）精密过滤器排气时，排气方向切勿站人。

52. 浓盐水处理系统的启停操作。

准备工作：

（1）开氧化处理装置旁路阀1、旁路阀2。

（2）开管道泵入、出口阀，出口阀开度至10%。

（3）检查空气压缩机、冷干机空气阀门位置正确。

（4）开空气储罐空气入、出口手动阀。

（5）开制氧机空气入口阀。

（6）开臭氧发生器冷却水入、出口阀。

（7）开臭氧发生器臭氧出口阀。

（8）开接触塔臭氧入口阀。

（9）关氧化处理装置水射器臭氧入口阀。

操作程序：

（1）按下冷干机就地电源开关，启动冷干机。

（2）按空气压缩机就地操作面板上的"ON"按钮，空气压缩机根据设定的程序自动工作，工作压力范畴：$4 \sim 6kgf/cm^2$。

（3）开臭氧发生器冷却水总阀，开度为1/3。

（4）按制氧机控制面板上的运行方式开关，设定为"自动"运行方式。

（5）旋转臭氧发生器电源开关送电，在就地控制面板上设定发生器的运行参数，选择"远程"运行方式。

（6）合上残余臭氧破坏装置电源开关，启动残氧破坏装置。

（7）进入西门子上位机"浓水系统"监控画面，打开1号管道泵、2号管道泵操作窗口，设定一台为工作设备，另一台为备用设备，选择"自动"运行方式。

（8）打开空气储罐出口电磁阀操作窗口，设定为"自动"运行方式。

（9）打开1号、2号臭氧发生器操作窗口，设定一台为工作设备，另一台为备用设备，选择"手动"运行方式。

（10）按下制氧机电源开关，启动制氧机。

（11）进入西门子上位机"浓水系统"监控画面，打开臭氧发生器操作窗口，按下"启动"按钮。

操作安全提示：

（1）现场注意通风，防止发生臭氧中毒事故。

（2）电气设备启停故障及时通知检修处理，防止发生触电事故。

53. 冷却水置换氢罐操作。

准备工作：

（1）正确穿戴劳动保护用品，包括安全帽、防静电工作服，橡胶手套等。

（2）工用具、材料准备：手电筒1把、擦布若干、记录纸、记录笔。

（3）保证氢罐间通风良好。

操作程序：

（1）将冷却水用胶皮管接至氢罐底部排污门，调整进水。

（2）开氢罐出口门，送氢管路排污门，开氢罐底部排污门。

（3）待送氢母管排污门流水后，关闭上述所有阀门，拆除胶管，置换完毕。

（4）收拾工具，清理现场。

操作安全提示：

（1）按氢罐的置换制度进行置换运行。

（2）严格注意氢罐运行参数。

54.氢气湿度的分析方法操作。

准备工作：

（1）正确穿戴劳动保护用品，包括安全帽、防静电工作服、橡胶手套等。

（2）工用具、材料准备：手电筒1把、擦布若干、记录纸、记录笔。

（3）保证分析间通风良好。

操作程序：

（1）将干湿表的湿球内注入几滴凝结水，将纱布润湿。

（2）上紧风扇发条使风扇转动。

（3）将三通的胶管分别插至干球、湿球套筒上，而将另一头接到欲测氢气取样门上。

（4）打开阀门让气体通过湿度计3～5min。

（5）视干湿表温度稳定不动，记下干湿表的温度读数。代入公式：$A=C_湿-0.5（t_干-t_湿）$ 计算。

操作安全提示：

定期进行氢气湿度检测。

55.直流电源的启动和停止操作。

准备工作：

（1）正确穿戴劳动保护用品，包括安全帽、防静电工作服、橡胶手套等。

（2）工用具、材料准备：手电筒1把、擦布若干、记录纸、记录笔。

（3）保证操作间通风良好。

操作程序：

启动：

（1）首先合上交流空气开关，然后检查输出电位器是否在零位。

（2）将手动与自动组合开关打到自动位置，控制回路开关打到"合"的位置。

（3）按下电源启动按钮，将输出调节旋钮顺时针缓慢调节，使输出电流达到要求的数值。

停止：

（1）将输出电位器逆时针调到零。

（2）按下电源停止按钮，将控制回路开关打到"分"的位置。

操作安全提示：

当需要紧急停机时直接按电源停止按钮。

56. 制氢设备停止操作。

准备工作：

（1）正确穿戴劳动保护用品，包括安全帽、防静电工作服、橡胶手套等。

（2）工用具、材料准备：手电筒 1 把、擦布若干、记录纸、记录笔。

（3）保证操作间通风良好。

操作程序：

（1）停止直流电源。

（2）停自动监控系统。

（3）断电后关闭至氢储罐门和排氧门。

（4）关闭氢、氧分离器和氢冷凝器的冷却水入口门。

操作安全提示：

（1）停止直流电源应缓慢降低电流，一般每 10min 降一次，两次将其降至 260A 时，再将调节电位器慢调至零，即可切断电源。

（2）待两电动调节阀关闭后，方可切断自动监控系统电源。

57. 液氨卸载前检查及卸氨操作。

准备工作：

液氨卸载前检查

（1）检查确认液氨卸载、储存系统设备无检修工作票。

（2）确认待卸氨液氨储罐已停运，液氨出口门关闭。

（3）液氨卸载、液氨储存区域经手动测试无氨泄漏。

（4）确认氨区各风向标指示正常。

（5）确认操作人员全部防护用品已正确佩戴。

（6）确认洗眼器正常备用，急救药品完备。

（7）确认无关人员未进入氨区。

（8）检查液氨化验单确认质量合格并向外来人员进行安全交底。

（9）检查液氨槽车停在正确位置，并关闭引擎，装设好接地线。

（10）确认液氨卸载、储存区消防喷淋水正常备用。

（11）确认卸氨压缩机已正常备用。

（12）确认卸氨压缩机入口四通阀置于设定位置（手柄横向，压缩机出口管和槽车侧气相入口管连通）。

（13）确认氨气吸收罐已满水。

操作程序：

（1）监督槽车运输人员将液氨槽车气、液相管道接口与液氨装卸臂气、液相接口进行连接。

（2）检查连接处严密无泄漏后，开启装卸臂气相出口手动门、液相入口手动门。

（3）开启液氨储罐气相出口手动门。

（4）开启液氨储罐气相出口电动门。

（5）开启液氨储罐至卸氨压缩机气相入口手动门。

（6）开启卸氨压缩机入口手动门。

（7）开启卸氨压缩机出口手动门。

（8）开启卸氨压缩机至装卸臂气相出口手动门。

（9）开启液氨装卸臂气相出口手动门。

（10）监督槽车运输人员缓慢开启液氨槽车气相出口手动门。

（11）开启装卸臂液相入口手动门。

（12）开启液氨储罐液相入口手动门。

（13）开启液氨储罐液相入口电动门。

（14）监督槽车运输人员缓慢开启液氨槽车液相出口手动门并控制其开启度，利用槽车内自身的压力向液氨储罐内卸氨。

（15）观察液氨槽车压力与液氨储罐压力基本平衡时，关液氨槽车液相出口手动门。

（16）启动卸氨压缩机运行。开启压缩机气液排放门。

（17）待无液体时，关闭气液排放门。

（18）当槽车压力大于液氨储罐 $0.1 \sim 0.2$MPa 时，开启液氨槽车液相出口手动门，开始卸车。

（19）当液氨槽车液位指示为零时表示槽车内液氨已卸完，停止卸氨压缩机运行。

（20）关卸氨压缩机入口手动门。

（21）关卸氨压缩机出口手动门。

（22）关液氨储罐至卸氨压缩机气相入口手动门。

（23）关卸氨压缩机至装卸臂气相出口手动门。

（24）关液氨储罐气相出口电动门。

（25）关液氨储罐气相出口手动门。

（26）关液氨槽车液相出口手动门。

（27）关液氨槽车气相出口手动门。关液氨装卸臂气相出口手动门。

（28）关液氨装卸臂液相入口手动门。

（29）拆下液氨槽车与液氨装卸臂气相连接管。

（30）拆下液氨槽车与液氨装卸臂液相连接管。

（31）静置 10min 后拆下槽车接地线，检测空气中氨气浓度小于 35ppm 后启动槽车。

（32）监督液氨槽车安全驶出液氨卸载区。

操作安全提示：

（1）卸氨压缩机运行中应注意检查油压、进出口压力是否正常，即油压大于 0.14MPa，进口压力小于 1.6MPa，出口压力小于 2.4MPa。

（2）卸氨压缩机运行中应注意观察运转是否平稳，应无异常过热、漏气、漏油，仪表指示应无异常，如有及时停运处理。

（3）卸氨过程中应维持槽车压力高于液氨储罐压力为 0.1 ～ 0.3MPa。当压差过大时，可适当开启气相管路排空门，使压差保持平稳；当压差过小时，可适当关小装卸臂液相门，使压差保持平稳。

58. 液氨的供给及蒸发器投运操作。

准备工作：

（1）检查确认液氨蒸发区氨气无泄漏，手工检测氨气浓度小于 $35mL/m^3$。

（2）检查确认氨气吸收罐已满水。

（3）确认液氨储存罐内液氨存量足够，温度不高于

40℃，压力在 0.2～1.6MPa。

（4）确认液氨泵已送电，处于备用状态。

（5）确认液氨蒸发器手动排污门关闭。

（6）确认液氨蒸发器安全阀前手动门开启。

（7）确认加热蒸气已正常供给。

（8）确认液氨蒸发器内处于满水状态。

操作程序：

（1）蒸气疏水溢流门开启。

（2）向液氨蒸发器内通蒸气。

（3）开启蒸气管路低点放水门。

（4）待放水门排出全为蒸气时，关闭开启蒸气管路低点放水门。

（5）缓慢开启液氨蒸发器蒸气入口手动门。

（6）开启液氨蒸发器蒸气入口电动调节门前手动门。

（7）开启液氨蒸发器蒸气入口电动调节门后手动门。

（8）开启液氨蒸发器蒸气入口电动调节门。

（9）待液氨蒸发器出口气温升至 65℃，水浴温度加热至工作温度 75℃后稳定。向蒸发器内通液氨。

（10）开启 1 号液氨储罐出口手动一、二次门。

（11）开启液氨储罐出口电动门。

（12）开启液氨泵入口手动门。

（13）开启液氨泵出口手动门。

（14）在氨储罐压力允许情况下可缓慢开启液氨泵出口母管旁路手动门（利用压差，自动输送液氨）。

（15）开启液氨蒸发器气氨出口手动门。

（16）开启液氨蒸发器液氨入口手动一、二次门及电动门。根据需要启动液氨泵运行（待蒸发器入口液氨管压力小于 0.20MPa 时启动液氨泵）。等待进入蒸发器的液氨蒸发成合格的氨气（出口温度大于 30℃）。向缓冲罐内通氨气。

（17）开启液氨蒸发器氨气出口手动门。待氨气缓冲罐内氨气压力稳定在 0.3 ～ 0.4MPa。得到机组主控许可后开启氨气缓冲罐出口门向机组提供氨气。

59. 液氨的供给及蒸发器停运操作。

液氨的供给操作：

（1）检查确认液氨蒸发区液氨无泄漏，检测氨气浓度小于 35mL/m³。

（2）关闭液氨储罐出口电动门。

（3）关闭液氨蒸发器液氨入口电动门。

（4）关闭液氨蒸发器蒸汽入口电动门，关闭液氨蒸发器蒸汽入口手动门。

（5）关闭液氨蒸发器蒸汽入口调节门，关闭液氨蒸发器氨气出口手动门。

蒸发器停运操作：

（1）检查确认液氨蒸发区液氨无泄漏，检测氨气浓度小于 35mL/m³。

（2）检查确认液氨蒸发区通风设施正常运行。

（3）关闭液氨储罐出口电动门。

（4）关闭液氨储罐出口电动门前手动门。

（5）关闭液氨蒸发器液氨入口电动门。

（6）关闭液氨蒸发器液氨入口手动门。

（7）关闭液氨蒸发器气氨出口手动门。

（8）关闭液氨蒸发器蒸气入口调节门。

（9）关闭液氨蒸发器蒸气入口调节门前、后手动门。

（10）关闭 1 号液氨蒸发器氨气出口手动门。

氨系统的气体置换：

（1）液氨储罐及氨系统需进行内部清理或维修时，则必须用氮气对设备内进行气体置换。在未置换前，维修人员不能进入罐内，以防中毒。

（2）停止系统运行，通知机组关闭气氨入口门。

（3）联系甲醇厂方用原供氨管道输送氮气。

（4）开启稀释罐水入口门。

（5）开启蒸发器气氨排放门。

（6）按照生产运行投入步骤，进行氮气置换。

（7）随时监测废水池液位和工艺间氨气浓度。

（8）必要时投入轴流风机和喷淋系统。

置换结束后注意事项：

（1）必须通过取样分析确定罐内氧浓度合格后，维修人员方可进入罐内进行工作。

（2）确保连接管道、阀门有效隔离。

（3）氮气置换氨气时，取样点氨气含量应为 0。

（4）氮气置换氨气时，取样点含氧量应小于 0.5%。

 风险点源识别

1. 活性炭过滤器风擦洗操作有哪些风险点？如何防控？

风险点：

（1）工作前准备工作不到位。

（2）风擦洗前准备工作不到位。

（3）阀门开启错误。

（4）反洗流量过小或过大。

（5）放水水位过低或过高。

（6）风擦洗压力过小或过大。

（7）满水时间过短或过长。

（8）正洗流量过大或过小。

防控措施：

（1）正确穿戴工作服。

（2）F形扳手无开焊裂纹。

（3）严格执行化学水处理运行规程。

（4）受到轻微伤害时停止作业，到班组用急救箱处理，人员伤势较重时，根据情况进行现场急救或者拨打急救电话。

（5）检查各阀门关闭情况。

（6）风压符合规定。

（7）阀门、管道、法兰、视镜无泄漏。

（8）水箱水位足够。

（9）风擦洗期间操作人员不允许离开现场，时刻监护擦洗情况，必要时关闭擦洗入口门。

（10）严格按照规程规定顺序开启阀门。

（11）反洗流量不大于 70t/h。

（12）风擦洗时水位在碳粒上 200mm。

（13）风擦洗时风压力大于 0.6MPa。

（14）缓开压缩空气入口门。

（15）使用 F 形扳手开关阀门时应均衡用力，防止接合处滑脱造成操作人员失去重心摔倒。

（16）满水时空气门溢水后方可关空气门。

（17）控制正洗流量 70t/h。

2. 弱酸阳床再生操作有哪些风险点？如何防控？

风险点：

(1) 工作前准备工作不到位。

(2) 再生操作前准备工作不到位。

(3) 阀门开启错误。

(4) 反洗流量过小或过大。

(5) 再生流量过大或过小。

(6) 进酸时间过长或过短。

(7) 置换时间过短或过长。

(8) 正洗时间过短或过长。

(9) 正洗时入口阀门开度过小或过大。

防控措施：

(1) 正确穿戴工服。

(2) F 形扳手无开焊裂纹。

(3) 严格执行化学水处理运行规程。

(4) 交换器各阀门处于关闭状态，阀门、管道、法兰、视镜无泄漏。

(5) 酸计量箱液位符合要求，提酸时现场监督，防止酸溢流造成灼伤。

(6) 严格执行化学水处理运行规程

(7) 严格按照规程规定顺序开启阀门。

(8) 反洗流量不大于 150t/h，从上视镜观察树脂膨胀情况。

(9) 控制喷射器流量 30 ～ 35t/h。

(10) 控制进酸时间 40min。

(11) 控制置换时间 60min。

(12) 控制正洗时间 60min。

（13）正洗流量 100t/h。

（14）使用 F 形扳手开关阀门应稳固。

3. 阳床再生操作有哪些风险点？如何防控？

风险点：

（1）工作前准备工作不到位。

（2）再生操作前准备工作不到位。

（3）阀门开启错误。

（4）反洗流量过小或过大。

（5）放水时间过短。

（6）再生流量过小或过大。

（7）进酸时间过长或过短。

（8）进酸浓度过大或过小。

（9）置换时间过长或过短。

（10）正洗流量过大或过小。

（11）正洗时间过长或过短。

防控措施：

（1）正确穿戴工服。

（2）F 形扳手无开焊裂纹。

（3）严格执行化学水处理运行规程。

（4）交换器各阀门处于关闭状态，阀门、管道、法兰、视镜无泄漏。

（5）酸计量箱液位符合要求，提酸时现场监督，防止酸溢流造成灼伤。

（6）严格按照规程规定顺序开启阀门。

（7）控制反洗流量不大于 100t/h。

（8）从上视镜观察树脂膨胀情况。

（9）放水时间大于 15min。

（10）控制再生流量 25t/h。

（11）控制进酸时间 120min。

（12）控制正洗流量 80 ～ 100t/h。

（13）出水钠离子≤ 300μg/L 停止正洗。

4. 除碳风机启动操作有哪些风险点？如何防控？

风险点：

（1）工作前准备工作不到位。

（2）启动前检查工作不充分。

（3）未启动除碳风机。

（4）中间水箱过低、过高。

防控措施：

（1）正确穿戴工服。

（2）F 形扳手完好无开缝及裂纹。

（3）严格执行化学水处理运行规程。

（4）除碳器本体及附属设备完好，各阀门处于关闭状态。

（5）除碳风机盘车轻快、电动机绝缘良好。

（6）启动除碳风机。

（7）湿手不准触动启动开关。

（8）控制中间水箱水位 1.4 ～ 1.8m。

5. 阴床再生操作有哪些风险点？如何防控？

风险点：

（1）工作前准备工作不到位。

（2）再生操作前准备工作不到位。

（3）阀门开启错误。

（4）再生流量过小或过大。

（5）再生浓度过高或过低。

（6）再生温度过高或过低。

（7）置换时间过长或过短。

（8）正洗流量过小或过大。

（9）正洗时间过短或过长。

（10）顺洗流量过小或过大。

（11）顺洗时间过短或过长。

防控措施：

（1）正确穿戴工服。

（2）F形扳手无开焊裂纹。

（3）严格执行化学水处理运行规程。

（4）交换器各阀门处于关闭状态，阀门、管道、法兰、视镜无泄漏。

（5）碱计量箱液位符合要求，提碱时现场有专人监护，防止碱溢流造成灼伤。

（6）严格按照规程规定顺序开启阀门再生流量保持在25t/h。

（7）控制再生浓度 2.2%。

（8）控制置换时间 120min。

（9）控制正洗流量 80 ～ 100t/h。

（10）取样测定正洗水样电导率小于 5μS/cm。

（11）顺洗流量 80 ～ 100t/h。

（12）取样化验出水电导率不大于 5μS/cm。

6. 混床再生操作有哪些风险点？如何防控？

风险点：

（1）工作前准备工作不到位。

（2）再生操作前准备工作不到位。

（3）阀门开启错误。

（4）反洗流量过大或过小。

（5）水位过低或过高。

（6）碱喷射器流量过大或过小。

（7）酸喷射器流量过大或过小。

（8）碱浓度过小或过大。

（9）酸浓度过小或过大。

（10）再生用碱量不足。

（11）再生用酸量不足。

（12）置换时间过短或过长。

（13）冲洗流量过大或过小。

（14）冲洗时间过长或过短。

（15）混脂不均匀。

（16）正洗流量过大或过小。

（17）正洗时间过长或过短。

防控措施：

（1）正确穿戴工服。

（2）F形扳手无开焊裂纹。

（3）严格执行化学水处理运行规程。

（4）交换器各阀门处于关闭状态，阀门、管道、法兰、视镜无泄漏。

（5）碱计量箱液位符合要求，提碱时现场有专人监护，防止碱溢流造成灼伤。

（6）酸计量箱液位符合要求，提酸时现场有专人监护，防止酸溢流造成灼伤。

（7）严格按照规程规定顺序开启阀门反洗流量不大于100t/h，从上视镜观察树脂膨胀情况。

（8）放水至树脂层上200mm。

（9）再生水流量25t/h。

（10）再生流量控制在 25t/h。

（11）调整碱浓度 2.2%。

（12）调整酸浓度 2.5%。

（13）再生用碱量 1500kg。

（14）再生用酸量 1200kg。

（15）取样测定钠离子不大于 500μg/L 停止置换。

（16）冲洗流量 90t/h。

（17）取样测定钠离子不大于 300μg/L。

（18）控制正洗流量 80～100t/h。

（19）取样测定钠离子不大于 20μg/L，二氧化硅不大于 20μg/L，电导率不大于 0.2μS/cm。

7. 离心式水泵启动操作有哪些风险点？如何防控？

风险点：

（1）工作前准备工作不到位。

（2）除盐水泵电动机启动前未检查到位。

（3）湿手触摸启动按钮。

（4）水泵启动过程中操作不当。

防控措施：

（1）正确穿戴工服。

（2）F 形扳手无开焊裂纹。

（3）地脚螺栓牢固，电动机接地线完好，绝缘合格。

（4）靠背轮连接螺栓牢固好用，并有防护罩，搬动对轮应轻快无阻，不准有水、汽泄漏。

（5）水泵、电动机周围应清洁，不允许有妨碍运转的杂物存在，不准有水、汽泄漏。

（6）不得用湿手接触启动按钮。

（7）开启泵空气门，待空气门出水后关闭，按下泵启动按钮。

（8）待压力升至 0.4MPa，水泵及电动机运转正常，无异响及无振动时，开启泵出口门并入系统运行，确认无异常后操作人员方可离开。

（9）合闸以后电动机不转或电流表指示最大不返回，应立即断开。

（10）电动机启动时冒烟，应通知电气值班员停电检查。

8．离心式水泵停运操作有哪些风险点？如何防控？

风险点：

（1）工作前准备工作不到位。

（2）水泵电动机停止前未关闭出口门。

（3）湿手触摸停止按钮。

（4）使用工具不当。

防控措施：

（1）正确穿戴工服。

（2）F 形扳手无开焊裂纹。

（3）严格执行化学水处理运行规程。

（4）不得用湿手接触停止按钮。

9. 空压机启动操作有哪些风险点？如何防控？

风险点：

（1）工作前准备工作不到位。

（2）空压机启动前未检查到位。

（3）湿手触摸启动按钮。

（4）仪表风管路进水。

（5）工艺风管路进水。

防控措施：

（1）正确穿戴工服。

（2）空压机周围应清洁，不允许有妨碍运转的杂物存在，不准有水、汽泄漏。

（3）严格执行化学水处理运行规程。

（4）不得用湿手接触停止按钮。

（5）检查空压机各部紧固良好，电动机接地线良好。

（6）油位在油面镜 1/2 ～ 2/3。

（7）开启空压机出口门，缓冲罐出、入口门及储气罐入口门。

（8）大修后初次启动或停运超过 10d，电动机应重新测绝缘。

（9）各种表计齐全，指示正常。

（10）检查干燥器运行良好。

（11）各排气点定期进行排污。

10. 空压机停运操作有哪些风险点？如何防控？

风险点：

（1）工作前准备工作不到位。

（2）空压机停止前未检查到位。

（3）湿手触摸启动按钮。

防控措施：

（1）正确穿戴工服。

（2）空压机周围应清洁，不允许有妨碍运转的杂物存在，不准有水、汽泄漏。

（3）严格执行化学水处理运行规程。

（4）表计齐全，指示正常。

（5）检修的储气罐，应关闭该罐的出、入口门，并做好详细记录。

（6）不得用湿手接触停止按钮。

11. 净水室巡回检查操作有哪些风险点？如何防控？

风险点：

（1）工作前准备工作不到位。

（2）对转机设备检查项目不到位。

（3）对酸、碱、氨系统检查时，系统出现跑、冒、滴、漏情况。

（4）对中间水箱、软化水箱、离子交换器检查时防护措施不完整。

防控措施：

（1）正确穿戴工作服、安全帽。

（2）检查所用工具，保证其完整、可靠。

（3）工作人员的工作服必须是专业发放的服装。

（4）受到轻微伤害时停止作业到班组用急救箱处理。

（5）人员伤势较重时，根据情况进行现场急救或者拨打急救电话。

（6）检查电动机电源电压在 380V±19V。

（7）电动机温度低于 100℃，电动机温升小于 65℃，水泵温度低于 80℃，轴承温升小于 45℃。

（8）检查油室油位，油位应在油面镜 1/2 ～ 2/3，油质清洁不漏油，发现油质劣化及时换油。

（9）现场备有清水源以便迅速用大量清水冲洗。

（10）现场配备 0.5% 的碳酸氢钠溶液；2% 的稀硼酸溶液。

（11）现场配备防毒面具。

（12）酸碱库、酸碱计量间、氨间内通风良好。

（13）上、下扶梯应完好无破损。

（14）水箱口盖板应稳固、完好。

12. 加药泵启动操作有哪些风险点？如何防控？

风险点：

（1）工作前准备工作不到位。

（2）作业环境巡视不到位。

（3）泵油室油位低。

（4）压力表不准确。

（5）溶药箱液位不足。

（6）未开启泵出口门，未达到加药目的。

（7）未开启泵进口阀，导致泵不打药。

（8）泵行程调整不正确导致计量泵损坏。

（9）湿手触摸启动按钮。

（10）运行泵与备用泵阀门未解裂。

（11）泵未停止运行进行阀门操作。

防控措施：

（1）正确穿戴工服。

（2）F形扳手无开焊裂纹。

（3）水泵、电动机周围应清洁，不允许有妨碍运转的杂物存在，不准有水、汽泄漏且照明良好。

（4）油室油位在油面镜 1/2 ～ 2/3，油质良好。

（5）开启压力表门，压力表指示零位。

（6）溶药箱液位不低于 0.2m。

（7）开启计量泵出口阀门。

（8）开启计量泵进口阀门，溶液箱出口阀门。

（9）调整计量泵行程 40% ～ 80%。

（10）湿手不准触动启动开关。

（11）启动泵时，运行泵和备用泵间的联络阀必须关闭。

（12）泵处于运行状态时，禁止关闭泵进口管路上的任何阀门。

13. 加药泵停运操作有哪些风险点？如何防控？

风险点：

（1）工作前准备工作不到位。

（2）湿手触摸停止按钮。

（3）加药泵与加药联络管路未解裂。

（4）加药泵与加药箱未解裂。

防控措施：

（1）正确穿戴工服。

（2）F形扳手无开焊裂纹。

（3）严格执行化学水处理运行规程。

（4）不得用湿手接触停止按钮。

（5）关闭计量泵进口阀、出口阀。

（6）关闭溶药箱出口阀。

14. 水质实验操作有哪些风险点？如何防控？

风险点：

（1）工作前准备工作不到位。

（2）实验室不符合要求。

（3）湿手触摸仪器开关按钮。

（4）使用化学仪器不正确。

（5）使用仪表前，未进行校准引起的试验误差。

（6）使用仪表时，对电极使用不正确引起的误差。

（7）仪表测定数值未稳定进行读数。

（8）使用化学药品不正确。

（9）水样量取不准确引起的滴定误差。

（10）未选择正确的指示剂或指示剂加入量不准确。

（11）试验水样溶液 pH 值未达到要求。

（12）比色法试验中加入试剂顺序不正确。

（13）未做空白试验引起的试验误差。

（14）应用公式错误或计算错误。

（15）测定水样溶解氧时，取样管不严密。

防控措施：

（1）正确穿戴工服。

（2）所需化学试剂配置期均在有效使用时间内；各器皿完整，仪表准确可备用。

（3）应备有防酸碱灼伤应急清洗急救药液。

（4）各种表计齐全、指示正常。

（5）实验室应通风良好。

（6）实验室应有良好的照明。

（7）实验室要保持清洁，不得有阻碍人员走动的障碍物。

（8）实验室内备有清水源以便迅速用大量清水冲洗。

（9）不得用湿手接触仪器开关按钮。

（10）玻璃仪器使用时要轻拿轻放，防止破碎伤害人员。

（11）测定水样前，对仪表进行校准。

（12）正确对电极进行使用、维护。

（13）仪表测定值稳定后再读取数值。

（14）不准直接对药品瓶口闻药品。

（15）不准用手直接抓取药品。

（16）刺激性药品和有毒药品要轻拿轻放，使用后要及时盖好瓶盖。

（17）严格执行化学水处理运行规程。

15. 调节水箱进水阀门井操作有哪些风险点？如何防控？

风险点：

（1）工作前准备工作不到位。

（2）进入受限空间未检测有毒有害气体含量。

（3）安全防护设施配备不齐全。

防控措施：

（1）正确穿戴工作服。

（2）进入前检测有毒有害气体含量，如超标必须戴防毒面具或正压式空气呼吸器。

（3）作业人员的着装必须穿着符合安全规定的工作服，进入现场必须正确佩戴安全帽，个人防护用品必须符合安全规定。使用工具前应进行检查，严禁使用不完整工具。

（4）严格执行安全操作规程及化学水处理运行规程。

16. 提升泵操作有哪些风险点？如何防控？

风险点：

（1）工作前准备工作不到位。

（2）提升泵电动机启动前未检查到位。

（3）使用工具操作不当。

防控措施：

（1）正确穿戴工服。

（2）水泵、电动机周围应清洁，检查油室油位，水泵及电动机无异响，温度、电流、电压、流量在规定范围内，设备运行前应检查到位，避免事故发生。

（3）设备异常运行可能危及人身安全时应停止运行。

（4）严格执行化学水处理运行规程。

（5）使用工具前应进行检查，严禁使用不完整工具。

17．絮凝沉淀池巡视操作有哪些风险点？如何防控？

风险点：

（1）工作前准备工作不到位。

（2）池上护栏外操作不当。

（3）上下扶梯时注意力不集中。

防控措施：

（1）正确穿戴工服。

（2）护栏外工作时必须按照规定进行操作，严禁翻越护栏操作。

（3）发生人员淹溺应立即施救，使淹溺人员脱离险境救护人员应做好防护措施。

（4）上、下楼梯时应缓慢小心，保证一手抓牢楼梯扶手，注意手脚配合防止踏空。

18．污泥提升泵操作有哪些风险点？如何防控？

风险点：

（1）工作前准备工作不到位。

（2）提升泵电动机启动前未检查到位。

（3）使用工具操作不当。

防控措施：

（1）正确穿戴工服。

（2）水泵、电动机周围应清洁，检查油室油位，水泵及电动机无异响，温度、电流、电压、流量在规定范围内，设备运行前应检查到位，避免事故发生。

（3）设备异常运行可能危及人身安全时应停止运行。

（4）严格执行化学水处理运行规程。

（5）使用工具前应进行检查，严禁使用不完整工具。

19．废水排污泵操作有哪些风险点？如何防控？

风险点：

（1）工作前准备工作不到位。

（2）水泵电动机启动运时行未检查到位。

（3）使用工具操作不当。

防控措施：

（1）正确穿戴工服。

（2）水泵、电动机周围应清洁，检查油室油位，水泵及电动机无异响，温度、电流、电压、流量在规定范围内，设备运行前应检查到位，避免事故发生。

（3）设备异常运行可能危及人身安全时应停止运行。

（4）严格执行化学水处理运行规程。

（5）使用工具前应进行检查，严禁使用不完整工具。

20．反渗透进水泵操作有哪些风险点？如何防控？

风险点：

（1）工作前准备工作不到位。

（2）水泵电动机启动运时行未检查到位。

（3）使用工具操作不当。

防控措施：

（1）正确穿戴工服。

（2）水泵、电动机周围应清洁，检查油室油位，水泵及电动机无异响，温度、电流、电压、流量在规定范围内，设备运行前应检查到位，避免事故发生。

（3）设备异常运行可能危及人身安全时应停止运行。

（4）严格执行化学水处理运行规程。

（5）使用工具前应进行检查，严禁使用不完整工具。

21．冷却水补水泵操作有哪些风险点？如何防控？

风险点：

（1）工作前准备工作不到位。

（2）水泵电动机启动运时行未检查到位。

（3）使用工具操作不当。

防控措施：

（1）正确穿戴工服。

（2）水泵、电动机周围应清洁，检查油室油位，水泵及电动机无异响，温度、电流、电压、流量在规定范围内，设备运行前应检查到位，避免事故发生。

（3）设备异常运行可能危及人身安全时应停止运行。

（4）严格执行化学水处理运行规程。

（5）使用工具前应进行检查，严禁使用不完整工具。

22．超滤膜池化学清洗操作有哪些风险点？如何防控？

风险点：

（1）工作前准备工作不到位。

（2）次氯酸钠与柠檬酸混合产生氯气。

（3）上、下扶梯时注意力不集中。

防控措施：

（1）正确穿戴工服。

（2）次氯酸钠与柠檬酸应分开存放。

（3）次氯酸钠与柠檬酸药液用完后应将溶药罐认真冲洗干净。

（4）严格执行化学水处理运行规程。

（5）使用工具前应进行检查，严禁使用不完整工具。

（6）上、下楼梯时应缓慢小心，保证一手抓牢楼梯扶手，注意手脚配合防止踏空。

23．超滤膜池运行中检查操作有哪些风险点？如何防控？

风险点：

（1）工作前准备工作不到位。

（2）打开膜池铁护网检查水质操作。

（3）上、下扶梯时注意力不集中。

防控措施：

（1）正确穿戴工服。

（2）佩戴好安全防护装备后进行检查。

（3）严格执行化学水处理运行规程。

（4）使用工具前应进行检查，严禁使用不完整工具。

（5）上、下楼梯时应缓慢小心，保证一手抓牢楼梯扶手，注意手脚配合防止踏空。

24．污水站加药操作有哪些风险点？如何防控？

风险点：

（1）工作前准备工作不到位。

（2）作业环境准备不到位。

（3）加药区域应通风良好。

（4）加药区域没有足够的照明。

（5）加药区域有阻碍人员走动的障碍物。

（6）加药区域内备没有清水源。

防控措施：

（1）正确穿戴工服。

（2）加药区域应通风良好。

（3）加药区域应有良好的照明。

（4）加药区域要保持清洁，不得有阻碍人员走动的障碍物。

（5）加药区域内备有清水源以便迅速用大量清水冲洗。

（6）严格执行化学水处理运行规程。

25．污水站空压机启动停止操作有哪些风险点？如何防控？

风险点：

（1）工作前准备工作不到位。

（2）空压机启动前未检查到位。

（3）湿手触摸开关按钮。

（4）仪表风、工艺风管路进水。

（5）启动前未检查到位。

（6）启动、运行、停止时操作程序错误。

防控措施：

（1）正确穿戴工服。

（2）检查空压机各部紧固良好，电动机接地线良好。油位在油面镜 1/2 ～ 2/3。开启空压机出口门，缓冲罐出、入口门及储气罐入口门。

（3）大修后初次启动或停运超过 10d，电动机应重新测绝缘。

（4）各种表计齐全，指示正常，加药区域应有良好的照明。

（5）严禁用湿手去触摸空压机启动和停止按钮。

（6）检查干燥器运行良好，各排气点定期进行排污。定期检查设备管路仪表风、工艺风的含水量，符合设备启动要求。

（7）各表计齐全，指示正常。检修的储气罐，应关闭该罐的出、入口门，并做好详细记录。

（8）设备启动应仔细核实，避免发生误操作。

26. 氨站上氨操作风险有哪些？如何防控？

风险点：

（1）上氨量过大，氨储罐压力过高。

（2）氨储罐液位指示不准造成液氨溢流。

（3）上氨时管路、罐体不严，造成液氨泄漏。

（4）上、下储罐顶部操作阀门时楼梯踏空、高空坠落。

防控措施：

（1）操作人员穿戴好防护用品。

（2）上氨操作时，运行人员加强监视，避免液氨储罐压力过高。

（3）定期校对液位计，保证就地和在线仪表显示正确。

（4）运行人员加强巡视，上氨前对各管路、罐体法兰进行检测。

（5）冬季对液氨储罐平台、楼梯积雪及时清理。操作穿防滑鞋。

27. 液氨储罐的切换、倒罐操作有哪些风险？如何防控？

风险点：

（1）操作人员未穿戴好防护用品。

（2）倒罐前未检查系统阀门开关状态。

（3）压缩机出口与入口的压差过大。

（4）违反操作规程误操作，造成液氨泄漏。

防控措施：

（1）操作人员穿戴好防护用品。

（2）倒罐前认真检查阀门状态，确保准确无误。

（3）迅速停止压缩机运行，关闭压缩机出、入口阀门。

（4）严格执行运行操作规程，避免液氨泄漏。

28. 氨系统运行中有哪些风险？如何防控？

风险点：

（1）罐体安全阀损坏。

（2）氨泵运行时操作，维护不当造成漏泄。

（3）空气中氨含量在 16% ～ 25%，遇明火爆炸。

（4）氨系统检修后或长时间停运，系统及管道内的含氧量超标遇明火、高温爆炸。

防控措施：

（1）操作人员穿戴好防护用品。

（2）加强设备巡视，安全门定期校验。

（3）严格执行运行规程，加强设备巡视，发现缺陷及时联系热机检修部处理。

（4）发现氨泄漏立即停止设备运行，加强泄漏点检测。及时联系检修处理，现场避免明火。

（5）运行人员加强设备巡视和泄漏检测，保证氮气置换彻底，置换后保证系统内氮气压力稳定。现场避免明火、高温。

三、 常见故障判断处理

1. 浮床离子交换再生后刚投入运行就失效，原因有哪些？如何处理？

故障现象：

交换器再生完毕后，刚投入运行在线表指示参数就上涨，超出合格范围。

故障原因：

（1）起床时，进水压力小，树脂未能成床而发生乱层。

（2）交换器内树脂未能自然装实，水垫层过高，树脂乱层。

处理方法：

（1）启动时，增大起床流速。

（2）将树脂装满，降低水垫层的高度。

2.逆流再生离子交换器再生后刚投入运行就失效，原因是什么？如何处理？

故障现象：

交换器再生完毕后，刚投入运行在线表指示参数就上涨，超出合格范围。运行时间大大缩短。

事故原因：

（1）再生操作未按照规定执行，与树脂接触不充分。

（2）再生液流速过大，造成树脂乱层。

（3）压脂层变薄，造成再生液及顶压流体偏流。

处理方法：

（1）加强再生操作训练，正确、熟练地掌握再生操作技术。

（2）调整再生液流速。

（3）补充压脂层的树脂。

（4）进行大反洗。

3.逆流再生离子交换器出水水质恶化或运行周期明显缩短，原因是什么？如何处理？

故障现象：

（1）离子交换器运行时间大大缩短。

（2）离子交换器出水水质恶化。

故障原因：

（1）再生操作时置换或反洗没有用除盐水（或软化水），使下部树脂层处于失效状态，运行开始时不断有 Na^+（或 $HSiO_3^-$）漏出。

（2）顶压流体压力过大，影响再生液的进入量。

处理方法：

（1）一定要用除盐水（或软化水）进行置换或反洗。

（2）调整顶压装置，检查顶压表。

4. 反渗透高压泵停转，原因是什么？如何处理？

故障现象：

反渗透高压泵在运行过程中突然停转。

故障原因：

（1）电源中断。

（2）泵出水压力过高。

（3）泵入口水压力过低。

处理方法：

（1）检查电源是否正常，恢复电源。

（2）调整泵出、入口水压力。

5. 反渗透产品水流量降低，原因是什么？如何处理？

故障现象：

反渗透产品水流量明显降低，达不到产水率指标。

故障原因：

（1）给水温度降低。

（2）给水压力降低。

（3）浓水浓度太高引起的高渗透压。

（4）反渗透膜被污染。

处理方法：

（1）提高给水温度及压力。

（2）降低渗透压。

（3）清洗反渗透膜。

6.离子交换树脂长期使用后，颜色变黑，交换容量降低的原因是什么？应如何处理？

故障现象：

离子交换树脂颜色变黑或变深，交换容量明显下降，工作周期缩短。

故障原因：

（1）阳离子交换树脂主要是铁、铝及其氧化物的污染。

（2）阴离子交换树脂主要是有机物的污染。

（3）阴离子交换树脂有时因再生液含杂质较多（铁及氧化物）而污染。

处理方法：

（1）阳离子交换树脂被污染可以用盐酸浸泡酸洗。

（2）阴离子交换树脂被污染可以用碱性氯化钠复苏处理，或用食盐水浸泡后，再用盐酸浸泡清洗。

7.弱酸阳离子交换器正洗和运行时跑树脂，原因是什么？如何处理？

故障现象：

弱酸阳离子交换器正洗时有树脂随废水排出，运行时有树脂漏入下级床体。

故障原因：

底部排水装置损坏，水帽破裂。

处理方法：

停止运行，通知检修处理。

8. 床体再生时喷射器真空不良，抽不出酸或碱，或者喷射器出口压力过高，原因是什么？如何处理？

故障现象：

（1）再生时喷射器真空不良，抽不出酸或碱，再生浓度计指示浓度偏低或为"零"。

（2）喷射器工作时出口压力显示过高。

故障原因：

（1）管路堵塞。

（2）有关阀门未开或阀门隔膜损坏。

（3）喷射器故障。

（4）发生误操作，如有的运行交换器进碱门没关闭（或进酸门没关闭）。

（5）喷射器入口水压力不足。

处理方法：

（1）停止再生，联系检修疏通管路。

（2）确认相关阀门打开，更换损坏的阀门隔膜。

（3）联系检修处理喷射器缺陷。

（4）确认床体进酸、碱门确已打开。

（5）提高喷射器入口压力。

9. 生水碱度突然升高，原因是什么？如何处理？

故障现象：

测定生水碱度高于正常值。

故障原因：

（1）水源改变。

（2）药品仪器不纯不洁。

处理方法：

（1）汇报分厂或通知厂有关科室要求厂外水场恢复原水质。

（2）药品校对，仪器清洗干净。

10. 阳床出口酸度突然升高，原因是什么？如何处理？

故障现象：

阳床出口水酸度测定结果偏高于正常值。

故障原因：

（1）来水源改变或水质变坏。

（2）药品仪器不纯不洁。

处理方法：

（1）通知有关科室联系供水单位，要求恢复来水质量。

（2）药品进行校对，仪器清洁干净。

11. 阳床集中失效，原因是什么？如何处理？

故障现象：

阳床出口水同时超标，床体同时失去交换能力，无过多备用床体可替换。

故障原因：

（1）水源污染。

（2）预处理水厂浊度高或混凝剂量过大。

（3）阳床失效时间遇到一起。

处理方法：

（1）联系有关部门，消除污染水源，加强床体出水及下级床体水质监督。

（2）降低清水浊度及混和剂量。

（3）调整工况，尽量避免床体失效时间过近。

12. 阳床运行周期短或出水质量不好，原因是什么？如何处理？

故障现象：

阳床运行周期明显缩短，出水质量达不到合格指标。

故障原因：

(1) 树脂老化污染。

(2) 工作交换容量降低。

(3) 清水浊度不合格。

(4) 再生工况不好。

(5) 来水含盐量高。

(6) 再生酸量不够。

(7) 预处理水厂混和剂量偏高。

处理方法：

(1) 清洗树脂中污染物或更换树脂。

(2) 降低来水浊度。

(3) 补装树脂达到标准高度。

(4) 查明来水劣化原因，并采取措施。

13. 阴浮床残余碱度大，原因是什么？如何处理？

故障现象：

测定阴床出口水残余碱度超标。

故障原因：

(1) 未严格掌握清洗终点清洗不彻底。

(2) 阳床大量漏钠。

(3) 阴床混入阳树脂。

处理方法：

(1) 再生后置换彻底，投入前正洗至出口水指标合格。

(2) 严格控制阳床漏钠，及时停运再生。

(3) 防止混入阳树脂。

14. 阴床集中失效，原因是什么？如何处理？

故障现象：

阴床出口水电导率同时上涨，出口水质同时劣化。

故障原因：

（1）阳床漏钠或跑酸。

（2）失效时间遇到一起。

处理方法：

（1）查明并清除阳床漏钠或跑酸的原因，投入备用阳床，并将中间水箱内的不合格水排掉。

（2）在高峰负荷时，将即将失效的交换器提前再生，避免同时失效。

15.阴床运行周期短或出水质量不好，原因是什么？如何处理？

故障现象：

阴床运行周期缩短，出口水电导率偏高，超出合格范围。

故障原因：

（1）用碱量不足或碱液质量低劣。

（2）树脂进入空气（再生操作造成）。

（3）操作不当。

（4）树脂层高度不够。

（5）阳床出水质量差。

（6）配水装置或出水装置偏流。

（7）树脂污染老化，工作交换容量降低。

处理方法：

（1）适当增加用碱量或设法提高碱液质量。

（2）将床体内空气排净。

（3）严格执行操作规程。

（4）填装树脂达到标准高度。

（5）提高阳床出水质量消除劣化质。

（6）检查配水、排水装置，处理缺陷，防止偏流。

（7）复苏处理被污染的树脂，恢复其工作交换容量。

16. 混床残余硅酸根高，原因是什么？如何处理？

故障现象：

测定混床出口水硅酸根含量过高，超出合格标准。

故障原因：

（1）反洗分层不彻底有混层现象。

（2）再生后阴、阳树脂混合不均匀。

（3）再生时间不够、碱量不足。

（4）碱液浓度过低，再生时水位波动过大。

处理方法：

（1）重新分层清除混层现象。

（2）再生时调整进碱浓度，按规定碱量严格控制打碱量。

（3）再生时严格控制水位及支撑水流量，再生时防止水位波动过大或出现跑空满现象。

（4）重新混合树脂、防止自然分层现象出现。

17. 混床残余碱度大，原因是什么？如何处理？

故障现象：

测定混床出口水碱度偏高，超过合格标准。

故障原因：

（1）再生时间用酸量不足。

（2）酸浓度过低。

（3）再生时稀酸流速变化波动大，使水位波动大。

（4）阳、阴树脂比例失调。

（5）中排水装置节流，影响调整，促使水位波动。

处理方法：

（1）重新分层补酸。

(2) 浓度调至 2%。

(3) 控制好水位稀酸流速要平稳。

(4) 调整阳、阴树脂比达 1：2。

18. 离心式水泵运行中落水，原因是什么？如何处理？

故障现象：

离心泵运行中突然落水。

故障原因：

(1) 泵内抽空气，吸入侧漏气或水箱水位过低。

(2) 水轮磨损、销子滚键，对轮脱节，入口门柄脱落。

处理方法：

(1) 停泵关闭出口门，提高水位，重新启动。

(2) 立即停泵，联系检修人员处理。

19. 水泵启动后不"打水"，原因是什么？如何处理？

故障现象：

水泵启动后出口无流量。

故障原因：

(1) 注水不足，泵内有空气。

(2) 电动机反转。

(3) 叶轮"背帽"脱落。

(4) 对轮脱落。

处理方法：

(1) 停泵后用泵体排气，注水后重新启动。

(2) 联系检修及电气处理。

20. 清水泵不吸水，真空表指示高度真空，原因是什么？如何处理？

故障现象：

清水泵不吸水，真空表指示高度真空。

故障原因：

（1）底阀没有打开或已经淤塞。

（2）吸水管阻力太大或吸上高度过高。

处理方法：

（1）检查底阀活门的灵活性，除掉堵塞物。

（2）尽量使吸水管路简单，降低吸水高度。

21.清水泵出口压力表指示有压力，泵出水很少或不出水，原因是什么？如何处理？

故障现象：

清水泵出口压力表指示有压力，泵出水很少，或仍不出水。

故障原因：

（1）出水管阻力太大。

（2）泵旋转方向不对。

（3）叶轮堵塞。

（4）转速不够。

处理方法：

（1）降低管阻。

（2）按照泵上面的方向标志改换旋转方向。

（3）清理叶轮。

（4）增加转速。

22.清水泵流量低于设计流量，原因是什么？如何处理？

故障现象：

清水泵流量低于设计流量。

故障原因：

（1）水泵堵塞。

（2）密封环磨损过大。

（3）转速不够。

处理方法：

（1）清理堵塞物。

（2）更换密封环。

（3）增加转速。

23.清水泵泵内声音反常，泵不吸水，原因是什么？如何处理？

故障现象：

清水泵泵内声音反常，泵不吸水。

故障原因：

（1）吸水管内阻力过大。

（2）吸水高度过大。

（3）吸水系统有空气渗入。

（4）液体温度过高。

处理方法：

（1）疏通管路。

（2）降低吸水高度。

（3）排出空气。

（4）降低液体温度。

24.水泵运行中或启动后振动过大或产生异响，原因是什么？如何处理？

故障现象：

清水泵振动大。

故障原因：

（1）泵内有空气或入口门没开。

（2）对轮结合不良，水泵与电动机转子不平衡。

（3）对轮找正中心偏差大。

（4）叶轮不平衡。

（5）轴承间隙大。

（6）部件松动、破裂或受磨损。

（7）轴承磨损或轴弯曲。

（8）泵内吸入杂物而引起碰撞。

（9）管路与泵体产生应力。

处理方法：

（1）停泵、排气后重新启动。

（2）重新找正对轮。

（3）叶轮重新找平衡。

（4）更换轴承。

（5）停泵后清理泵内造物。

25. 水泵启动或运行时电流过大，启动时电流表指示返回，运行时超过额定电流，泵消耗功率过大，原因是什么？如何处理？

故障现象：

清水泵消耗功率过大。

故障原因：

（1）填料压盖太紧，填料函发热。

（2）叶轮磨损过大。

（3）泵供水量增加。

（4）电源断相或电压降低。

（5）转动部分摩擦或卡塞。

（6）启动前出口门没关，且出口管内无压力。

（7）密封填料压得过紧。

处理方法：

（1）立即停泵，联系电气人员处理。

（2）拧松填料压盖。

（3）更换叶轮。

（4）关小闸阀，减小流量。

（5）关闭出口门，停泵，重新启动，适当调整出口门开度。

（6）调整密封填料松紧。

26. 轴承温度急剧升高或超过额定温度，原因是什么？如何处理？

故障现象：

清水泵轴承发热。

故障原因：

（1）油质不良，油脂黏度大，影响润滑，油位过低，轴承缺油。

（2）轴承磨损或轴封间隙过小及油环卡塞。

（3）电动机轴与泵轴不同心。

处理方法：

（1）运行人员查明原因及时换油或加油。

（2）停泵联系检修人员处理。

（3）补油或更换油脂。

（4）更换轴承。

（5）重新找正对轮。

27. 清水泵轴封漏水，原因是什么？如何处理？

故障现象：

清水泵轴封漏水。

故障原因：

（1）密封填料压盖松。

（2）密封填料损坏。

(3) 轴套磨损严重。

处理方法：

(1) 紧压盖。

(2) 更换密封填料。

(3) 更换轴套。

28. 磷酸盐加药泵不打药原因是什么？如何处理？

故障现象：

磷酸盐加药泵启泵后运转正常，泵体无异响，密封填料压兰无泄漏，出口压力为零。

故障原因：

(1) 泵出口泄压阀未关闭。

(2) 泵出口安全阀泄漏。

(3) 泵体出、入口单向阀钢球上和单向阀阀座上有杂物或钢球变形。

(4) 泵体单向阀接合面垫片损坏。

处理方法：

(1) 将泵出口泄压阀关闭。

(2) 检查安全阀阀座和阀芯是否有麻坑和其他缺陷，如有则进行研磨或更换安全阀。

(3) 检查单向阀钢球上是否有污垢变形、阀座上有杂质裂纹等，仔细清理钢球和阀座接合面并更换接合面垫片。

29. 循环水补水加硫酸管结晶引起管路堵塞，原因是什么？如何处理？

故障现象：

循环水加硫酸计量泵出口压力高，将硫酸管混合器入口阀门前管道解开，发现管道内没有硫酸流过来。

故障原因：

冬天温度低，由于加硫酸大部分在室外，原施工时管道未加伴管，造成管道内结晶将管道堵塞。

处理方法：

将加酸管道加装伴热管。

30. 化学水转子流量计指示不准原因是什么？如何处理？

故障现象：

流量指示不准、无指示。

故障原因：

该流量计采用波轮式转子，由于测量管内被测液体较脏，液体内的塑料、生料带等细小而柔软的物品缠绕在波轮上面，造成波轮转动不灵活或不转动，甚至造成波轮的损坏，从而影响测量的准确性，或者造成设备的损坏。

处理方法：

（1）拆下转子。

（2）清理波轮。

（3）更换转子。

（4）回装转子。

31. 床体气动门失灵，原因是什么？如何处理？

故障现象：

气动门反馈不对或门不动作。

故障原因：

（1）质量问题：该气动门的反馈开关选用的是微动开关，质量不过关，由于本身的问题，造成开关反馈不对。

（2）固定方式问题：该微动开关固定只有对角的两个螺栓，而气动门开关的力量较大，时间一长造成开关移位，无法正确反馈。

（3）压缩空气压力不够。

处理方法：

（1）检查开关动作情况是否良好。

（2）检查开关动作是否正确。

（3）更换开关。

（4）重新紧固开关。

（5）联系空压机站提高压缩风压力。

32.调节水箱水位异常有什么现象？原因是什么？如何处理？

故障现象：

（1）调节水箱水位过高，高于4.42m。

（2）造成溢流。

故障原因：

（1）运行中调节泵突然停止供水。

（2）除尘消防泵房突然向调节水箱供水过大。

（3）水位指示失灵。

（4）沉沙池入口门是否关闭。

处理方法：

（1）联系除尘消防泵房值班员询问水量。

（2）检查调节泵运行情况。

（3）检查调节水箱入口窥视实际水位是否过高。

（4）检查沉沙池入口门是否关闭。

（5）启动备用调节水泵增大制水量降低水位。

33.鼓风机故障有什么现象？原因是什么？如何处理？

故障现象：

（1）皮带断裂。

（2）现场巡视电动机有异响。

故障原因：

（1）鼓风机皮带长期未更换。

（2）鼓风机出口门关闭。

（3）鼓风机机械有卡涩现象。

（4）鼓风机皮带轮损坏脱落。

（5）鼓风机皮带过紧或过松。

处理方法：

（1）立即按鼓风机事故按钮，停止鼓风机运行。

（2）启动备用鼓风机。

（3）更换鼓风机皮带。

（4）检查鼓风机出口门是否开启。

（5）联系检修调整鼓风机皮带松紧度。

34. 脱硫清水箱水质异常有什么现象？原因是什么？如何处理？

故障现象：

（1）出水悬浮物较多。

（2）废水进水悬浮物浓度偏高。

故障原因：

（1）加药量不足。

（2）废水进水流量偏大。

处理方法：

（1）调小进水阀门。

（2）调大加药量。

35. 回用泵房突然停电有什么现象？原因是什么？如何处理？

故障现象：

（1）回用泵电流降为"0"。

（2）室内控制盘回用水箱出水流量降为"0"。

（3）回用泵房水箱水位上升。

故障原因：

电气故障。

处理方法：

（1）联系值长将回用泵停电。

（2）联系灰渣泵房停供冲灰水。

（3）联系电气运行检查处理。

（4）启动备用回用泵。

36. 出水不合格有什么现象？原因是什么？如何处理？

故障现象：

（1）出水浊度高。

（2）出水有异味。

故障原因：

（1）来水浊度高。

（2）加药量不足。

（3）气浮池运行状态不良。

处理方法：

（1）调整气浮池运行工况。

（2）调大加药量。

（3）调小进水阀门。

37. 调节泵自停有什么现象？原因是什么？如何处理？

故障现象：

（1）操作盘电流电压为"0"。

（2）操作盘故障灯亮。

故障原因：

电气故障。

处理方法：

(1) 汇报分厂领导、值长、班长。

(2) 联系电气运行检查处理。

(3) 关闭调节泵出口门。

(4) 断开控制盘操作开关。

(5) 启动备用调节水泵。

38. 回用泵流量突然为零有什么现象？原因是什么？如何处理？

故障现象：

(1) 回用泵流量表突然降为零。

(2) 操作盘故障灯亮。

故障原因：

(1) 回用水泵出口门关闭。

(2) 除尘是否有操作。

(3) 预处理供水，由于母管压力大，致使回用泵流量为零。

(4) 流量表指示失灵。

处理方法：

(1) 检查回用泵运行情况，各阀门开启状态。

(2) 检查回用水箱入口窥视实际水位是否降低，若正常下降则需联系热工检查表计。

(3) 联系除尘消防泵房值班员询问水量，若采用预处理供水，则需汇报班长、值长、分厂领导，停止回用泵运行。

39. 回用水箱水位过高有什么现象？原因是什么？如何处理？

故障现象：

(1) 水位过高，高于 3.8m。

（2）造成溢流。

故障原因：

（1）水位计不准。

（2）运行中回用水泵空载或跳闸。

（3）污水工艺制水量大于回用水量。

（4）运行中回用泵流量降低。

处理方法：

（1）检查回用水箱人孔实际水位。

（2）检查回用水泵运行是否正常。

（3）检查甲、乙侧计量槽出水是否过大。

（4）联系值长或净水室值班员，确认冲灰水是否用预处理水，适时调整。

40.调节水泵不打水有什么现象？原因是什么？如何处理？

故障现象：

（1）调节水箱水位快速升高。

（2）造成溢流。

（3）回用水箱水位下降。

故障原因：

（1）入口管堵塞。

（2）是否入口管有进气现象。

（3）调节水泵叶轮是否脱落。

（4）出口门开关是否失灵。

处理方法：

（1）联系检修清理入口管堵塞物。

（2）联系检修处理入口漏泄。

（3）联系检修检查调节水泵叶轮。

（4）联系检修检查出口门开关是否正常。

41. 回用泵房突然上水（–3m 低位泵房）有什么现象？原因是什么？如何处理？

故障现象：

（1）检查巡视发现回用泵房突然上水。

（2）造成泵体水湿，易引发事故。

故障原因：

（1）回用水箱系统是否漏泄。

（2）是否有大量水从室外涌入。

（3）室外排水井是否向室内进水。

（4）自动排水泵不能自动运行。

处理方法：

（1）启动防汛泵向室外排水。

（2）关闭设备漏水点。

（3）联系值长降低室外排水井水位。

（4）联系检修处理自动排水泵。

（5）汇报分厂主管领导。

42. 阳离子交换器或混合离子交换器再生时跑树脂有什么现象？原因是什么？如何处理？

故障现象：

阳离子交换器或混合离子交换器再生时跑树脂。

故障原因：

中间排水装置损坏，尼龙网损坏或脱落。

处理方法：

停止运行，通知检修班处理。

43. 除盐水含氨量升高有什么现象？原因是什么？如何处理？

故障现象：

除盐水含氨量升高。

故障原因：

（1）除盐水供水量减少。

（2）氨液浓度配制过高。

（3）氨泵行程螺栓自动旋紧，造成氨泵出力大。

处理方法：

（1）减少加氨量。

（2）向氨计量箱适当加水，配制合适的氨溶液。

（3）固定泵行程螺栓后，重新调整泵出力。

44. 除盐水含氨量过低有什么现象？原因是什么？如何处理？

故障现象：

除盐水含氨量过低。

故障原因：

（1）除盐水供水量增加。

（2）氨液浓度配制过低。

（3）氨泵行程螺栓脱落或加氨系统漏泄。

处理方法：

（1）增加加氨量。

（2）提高计量箱内氨液浓度。

（3）检查氨泵备帽螺栓是否脱落，脱落时应立即紧好；若因加氨系统漏泄，应及时处理。

45. 轴承温度急剧升高或超过额定温度有什么现象？原因是什么？如何处理？

故障现象：

轴承温度急剧升高。

故障原因：

(1) 油质不良，油位过低。

(2) 轴承磨损或与轴封间隙过小及油环卡住。

处理方法：

(1) 运行人员查明原因及时换油或加油。

(2) 停泵，联系检修人员处理。

46. 除盐间停电和电源中断有什么现象？原因是什么？如何处理？

故障现象：

电源中断。

故障原因：

除盐间停电。

处理方法：

(1) 关闭处于再生状态的交换器有关截门。

(2) 将有关电气设备开关扳至停止位置。

(3) 关闭各泵出口门，停止加氨。

(4) 停止阴离子交换器和混合离子交换器运行，关其出、入口门，停电期间若中间水箱高位还要联系预处理减水。

(5) 汇报班长、值长，联系电气值班人员处理。

(6) 做好恢复运行的准备工作，并认真做好停电期间的记录。

47. 氨计量泵出力不足有什么现象？原因是什么？如何处理？

故障现象：

出水不合格。

故障原因：

(1) 吸入管局部堵塞。

(2) 吸入阀内有杂物。

(3) 止回阀内有杂物。

(4) 油腔内有气体。

(5) 油腔内油量不足或过多。

(6) 补偿阀漏油。

(7) 安全阀漏液。

(8) 隔膜片永久变形。

(9) 电动机转速不足。

处理方法：

(1) 处理吸入管局部堵塞。

(2) 处理吸入阀内有杂物。

(3) 处理止回阀内有杂物。

(4) 处理油腔内有气体。

(5) 处理油腔内油量不足或过多。

(6) 处理补偿阀漏油。

(7) 处理安全阀漏液。

(8) 处理隔膜片永久变形。

(9) 处理电动机转速不足。

48. 除盐水箱水质污染有什么现象？原因是什么？如何处理？

故障现象：

出水不合格。

故障原因：

(1) 在线钠离子浓度计、电导表、硅表不准。

(2) 实验试剂不准。

(3) 再生阴离子交换器出水门未关严或泄漏。

(4) 再生阴离子交换器误投入。

（5）阴离子交换器反洗入口门未关严或泄漏。

（6）再生混合离子交换器出水门未关严或泄漏。

处理方法：

（1）解列其中一个除盐水箱，关闭该水箱出水门、入水门。开启排污门，排净受污染除盐水。

（2）开启运行除盐水箱排污门，减小除盐制水量。待该水箱水位降至水泵的允许真空后，调整除盐制水量，使水箱水位稳定。

（3）当被解列的除盐水箱排空后，关闭排污门，开启进水门，重新上水。待水箱水位升至水泵允许真空高度后，开出口门，投入运行。

（4）将原运行水箱解列，关闭该水箱出水门、入水门，排净水箱存水，关闭排污门，开启入口门，当水箱水位升至水泵允许真空高度后，开出口门，投入运行。

（5）当水箱投入运行后，恢复除盐制水正常，监测水箱水质，使水质正常。

49. 中间水箱水质污染有什么现象？原因是什么？如何处理？

故障现象：

出水不合格。

故障原因：

（1）在线钠离子浓度计、试验试剂、水样不准。

（2）再生强酸阳离子交换器出水门未关严或泄漏。

（3）运行强酸阳离子交换器反洗入口门未关严或泄漏。

（4）运行强酸阳离子交换器深度失效。

处理方法：

（1）解列其中一个中间水箱，关闭该水箱出水门、入水门。开启排污门，排净受污染的水。

（2）开启运行中间水箱排污门，减小阳离子交换器制水量。待该水箱水位降至水泵的允许真空后，调整阳离子交换器制水量，使水箱水位稳定。

（3）当被解列的中间水箱排空后，关闭排污门，开启进水门，重新上水。待水箱水位升至水泵允许真空高度后，开出口门，投入运行。

（4）将原运行水箱解列，关闭该水箱出水门、入水门，排净水箱存水，关闭排污门，开启入口门，当水箱水位升至水泵允许真空高度后，开出口门，投入运行。

（5）当水箱投入运行后，恢复阳离子交换器制水正常，监测水箱水质，使水质正常。

50. 闭式冷却水泵无法启动有什么现象？原因是什么？如何处理？

故障现象：

水样温度升高。

故障原因：

（1）电源未接通或电气故障。

（2）泵机械部分故障。

处理方法：

（1）联系电气处理。

（2）联系检修处理。

51. 磷酸盐加药箱液位显示值与实际值不符有什么现象？原因是什么？如何处理？

故障现象：

炉水磷酸根升高。

故障原因：

（1）液位计堵塞。

（2）液位计损坏。

处理方法：

（1）进行排污处理。

（2）联系检修处理。

52. 饱和蒸气质量合格，但过热蒸气不合格有什么现象？原因是什么？如何处理？

故障现象：

过热蒸气不合格。

故障原因：

减温水质不合格。

处理方法：

检查化验给水质量，查给水质量不合格原因，并立即消除。

53. 给水硬度或二氧化硅、电导率不合格有什么现象？原因是什么？如何处理？

故障现象：

给水硬度过高。

故障原因：

（1）除盐水水质不合格。

（2）凝汽器漏泄。

（3）疏水水质不合格。

处理方法：

（1）查明除盐水劣化原因，加强磷酸盐处理，增大连续排污，必要时可增加定期排污。

（2）汇报值长查漏堵漏。

（3）汇报值长水质劣化原因。

54. 给水 pH 值不合格有什么现象？原因是什么？如何处理？

故障现象：

给水 pH 值不合格。

故障原因：

（1）除氧器加氨量不合格。

（2）凝汽器漏泄影响给水 pH 值。

处理方法：

（1）调整除盐水加氨量。

（2）适当调整除盐水加氨量，同时汇报值长。

55. 炉水混浊或有颜色有什么现象？原因是什么？如何处理？

故障现象：

炉水混浊。

故障原因：

（1）给水硬度过大或给水混浊。

（2）锅炉长时间没进行定排或连续排污，排污量不够，锅炉负荷急剧变化。

（3）锅炉刚开始启动。

处理方法：

（1）查找给水劣化的原因并处理，同时加大锅炉排污，通知锅炉增加定排次数，视排污量大小和给水硬度的大小调整磷酸盐加药量。

（2）加强定期排污河连续排污。

（3）增加锅炉排污，直至炉水澄清为止。

56. 生水流量突然减少或中断有什么现象？原因是什么？如何处理？

故障现象：

生水流量突然减少。

故障原因：

（1）生水流量表故障。

（2）水库来水压力低。

处理方法：

（1）联系热工分厂处理。

（2）汇报值长。

57. 计量泵排液量不足有什么现象？原因是什么？如何处理？

故障现象：

计量泵排液量不足。

故障原因：

（1）泵腔内缺油或有空气。

（2）行程过低。

处理方法：

（1）向油腔内注油，排气。

（2）调整行程。

58. 除盐水含氨量过低有什么现象？原因是什么？如何处理？

故障现象：

除盐水含氨量过低。

故障原因：

（1）氨液浓度配制过低。

（2）除盐水流量增大。

（3）氨泵行程低。

处理方法：

（1）重新配制氨液浓度。

（2）除盐水流量增加，及时调整加氨量。

（3）调整氨泵行程。

59. 给水溶解氧不合格有什么现象？原因是什么？如何处理？

故障现象：

给水溶解氧不合格。

故障原因：

（1）脱氧器溶解氧不合格。

（2）取样管泄漏。

处理方法：

（1）汇报值长。

（2）联系检修处理。

60. 低脱水质劣化有什么现象？原因是什么？如何处理？

故障现象：

低脱水质不合格。

故障原因：

（1）除盐水水质劣化。

（2）低脱水箱水水质劣化。

（3）二次连续排污扩容器过水。

（4）运行调整不当使低脱溶解氧不合格。

（5）取样管漏泄。

处理方法：

（1）按除盐水水质劣化的方法处理。

（2）停止回收。

（3）联系调整扩容器至正常运行状态。

（4）汇报值长。

（5）联系检修处理。

61. 凝结水 pH 值不合格有什么现象？原因是什么？如何处理？

故障现象：

凝结水 pH 值不合格。

故障原因：

（1）凝汽器漏泄。

（2）除盐水加氨量过高或过低。

处理方法：

（1）汇报值长查漏堵漏。

（2）在保证给水 pH 值合格的条件下，调整除盐水加氨量。

62. 饱和、过热蒸汽质量不合格有什么现象？原因是什么？如何处理？

故障现象：

饱和、过热蒸汽质量不合格。

故障原因：

（1）给水品质劣化，使炉水含盐量增加。

（2）炉水二氧化硅超标。

（3）锅炉负荷、水位发生急剧变化。

（4）减温水水质劣化。

（5）汽包内部汽水分离装置有缺陷。

处理方法：

（1）按给水劣化方法处理。

（2）增加锅炉排污，加强对炉水的监督。

（3）汇报值长。

（4）查找减温水劣化原因，予以消除。

（5）对汽包内部水、汽分离装置进行检查。

63. 炉水 pH 值不合格有什么现象？原因是什么？如何处理？

故障现象：

炉水 pH 值不合格。

故障原因：

（1）炉水 PO_4^{3-} 离子不合格。

（2）排污量过大或过小。

处理方法：

（1）适当调整磷酸盐加药量。

（2）适当调整排污量。

64. 离子交换法软化处理有哪些常见故障？如何处理？

故障现象：

（1）离子交换剂的工作交换容量很低。

（2）离子交换器的周期制水量不足。

（3）反洗过程中，有离子交换剂漏失。

（4）软水中出现交换剂颗粒。

故障原因：

（1）反洗强度不够或不完全。

（2）耗盐量太少再生不充分。

（3）离子交换树脂被悬浮物所污染。

（4）原水中高价金属离子 Al^{3+}、Fe^{3+} 等量多，使离子交换剂中毒。

（5）排水装置损坏。

（6）再生速度太快，与离子交换剂接触时间短。

（7）正洗不彻底或正洗时间过长。

（8）离子交换剂的层高太低。

（9）中层排水管损坏；排水管网套损坏；排水管法兰松动。

（10）反洗强度太大，离子交换剂从反排管漏失。

（11）交换剂质量差，耐磨性能差，以致粉碎，被反洗水带出。

处理方法：

（1）用化学分析法检验食盐质量，选用合格的食盐。

（2）增加食盐（NaCl）用量。

（3）用洁净的过滤水来清洗并用空气擦洗离子交换剂。需改进预处理的混凝和过滤工况，降低进水浑浊度。

（4）用 2% ～ 3% 浓度的酸定期活化离子交换剂。

（5）检修排水装置，重新装填树脂层。

（6）调整反洗压力和水量。

（7）调整再生流速，延长再生时间。

（8）调整正洗水量，控制好正洗时间。

（9）增高离子交换剂，使层高在 1.5m 以上。

（10）更换排水管；检查并修好网套；将排水管连接法兰拧紧。

（11）降低反洗强度；反排出水管装一塑料网套。

（12）选用耐磨性能好、强度高的离子交换剂。

65. 除碳器在运行中易出现哪些异常现象？应如何处理？

故障现象：

（1）出水 CO_2 含量偏高。

（2）除碳器顶部排风量小。

（3）风机皮带跳动。

（4）除碳风机振动。

故障原因：

（1）进水量偏大，除碳器过负荷运行。

（2）进水水温偏低。

（3）配水装置故障，配水不均。

（4）除碳风机出力不足。

（5）填料破碎。

（6）填料高度不够。

（7）除碳风机进风口堵塞。

（8）风机基础不牢。

（9）叶轮组装时不正。

（10）两皮带轮距离较近或皮带过长。

处理方法：

（1）调整进水负荷至额定值。

（2）适当提高进水温度。

（3）检修故障的配水装置。

（4）检修故障风机。

（5）重新筛选填料。

（6）补充填料至适宜高度。

（7）清除进风口的堵塞物。

（8）检查风机基础并重新固定。

（9）重新组装叶轮并找正。

（10）更换合适的皮带。

66. 超滤系统运行中容易出现哪些异常现象？故障原因是什么？如何处理？

故障现象：

（1）产水流量低。

（2）产水水质差。

（3）膜压差高。

（4）膜压差低。

故障原因：

（1）进水压力低。

（2）阀门未打开或者开启不完全。

（3）流量开关故障。

（4）错流排放流量大。

（5）膜元件堵塞。

（6）进水温度低。

（7）丝网过滤器堵塞。

（8）进水水质差。

（9）超滤膜丝断裂。

（10）流量过大。

（11）流量过低。

（12）丝网过滤器堵塞。

处理方法：

（1）检查来水压力及前级多介质出口压力情况。

（2）确认所有需要开启的阀门都正常开启。

（3）检查流量开关是否设定正确，动作正常。

（4）调整错流水流量至正常值。

（5）判断堵塞原因，进行化学清洗。

（6）投入换热设备，使水温达到要求。

（7）检查压差，更换滤网。

（8）检查进水浊度等指标，查明原因。

（9）隔离断裂膜丝或更换膜元件。

（10）判断堵塞原因，进行化学清洗。

（11）调节流量到规定范围。

（12）检查压差，更换滤网。

67. 反渗透系统运行中容易出现哪些异常现象？故障原因是什么？如何处理？

故障现象：

（1）产水流量低。

（2）产水水质差。

（3）膜组压差高。

（4）膜组压差低。

故障原因：

（1）进水压力低。

（2）阀门未打开或者开启不完全。

（3）流量开关故障。

（4）浓水流量大。

（5）膜组结垢或污染。

（6）进水温度低。

（7）保安过滤器堵塞。

（8）进水水质差。

（9）产水流量过高。

（10）RO 膜结垢或污染。

（11）膜组内连接元件故障。

（12）电导表温度补偿不准确。

（13）流量过大。

（14）膜组结垢或污染。

（15）流量过低。

（16）保安过滤器堵塞。

处理方法：

(1) 检查反渗透给水泵的运行工况。

(2) 确认所有需要开启的阀门都正常开启。

(3) 检查流量开关是否设定正确，动作正常。

(4) 调整浓水流量至正常值。

(5) 进行化学清洗。

(6) 投入换热设备，使水温达到要求。

(7) 检查压差，更换滤芯。

(8) 检查进水水质。

(9) 调整产品水、浓水流量至正常值。

(10) 判断污染性质，进行化学清洗。

(11) 打开膜腔，检查更换。

(12) 校验电导率表及其温度补偿。

(13) 调整进水流量以及产水、浓水流量比例。

(14) 进行化学清洗。

(15) 调节流量到规定范围。

(16) 检查压差，更换滤芯。

68. EDI 系统运行中容易出现哪些异常现象？故障原因是什么？如何处理？

故障现象：

(1) 产水流量低。

(2) 产水水质差。

(3) 模块压差高。

(4) 模块压差低。

(5) 浓极水流量低。

故障原因：

(1) 模块堵塞。

(2) 产水阀门关闭或开启不完全。

(3) 流量表故障。

(4) 进水压力低。

(5) 电源极性接反。

(6) 电压太低或太高。

(7) 一个或多个膜块没有电流或电流低。

(8) 电导表故障。

(9) 离子交换膜结垢或污染。

(10) 进水水质超出允许值。

(11) 给水流量不正常。

(12) 给水流量过高。

(13) 给水流量过低。

(14) 模块浓极水侧结垢堵塞。

(15) 浓极水侧阀门未开启至合适位置。

(16) 浓极水流量开关故障。

处理方法:

(1) 清洗模块。

(2) 确认所有需要开启的阀门都正常开启。

(3) 检查流量开关是否设定正确,动作正常。

(4) 检查 EDI 给水泵的运行工况并加以解决。

(5) 立即切断供电,核实接线。

(6) 把直流电压调到规定范围。

(7) 检查电路连接是否正确。

(8) 校验电阻率表及其温度补偿。

(9) 清洗模块。

(10) 检查进水水质。

(11) 把流量调到规定范围。

（12）判别污染类别，清洗模块。

（13）调节流量到规定范围。

（14）检查浓水出口阀。

69. 空压机运行中容易出现哪些异常现象？故障原因是什么？如何处理？

故障现象：

（1）输出风量减少或压力不足。

（2）压力过高或安全阀叫响。

（3）压缩机过度振动。

（4）转动时声音过大。

（5）压缩机零件过热。

（6）饱和释气阀持续漏气。

（7）通电后没有声音。

（8）电动机嗡嗡响但不启动。

故障原因：

（1）进气滤清器堵塞。

（2）阀片附碳或卡异物。

（3）阀座松脱或衬垫破损。

（4）阀组磨损或弹簧失灵。

（5）排气管路或接头处漏气。

（6）设定输出压力高于额定压力。

（7）压力开关或释荷阀损坏。

（8）安全阀设定压力过低或损坏。

（9）使用压力过高。

（10）地基不稳。

（11）阀座松动。

（12）活塞冲击气缸盖。

（13）周周温度太高或通风不良。

（14）释气阀损坏。

（15）逆止阀卡异物或损坏。

（16）配线接触不良或熔断丝断掉。

（17）温控开关跳脱。

（18）电动机故障。

（19）使用太长的延长线造成压降。

（20）电压不足。

（21）电动机负载过重。

处理方法：

（1）清洁滤清器滤芯或更换新品。

（2）拆下清洗。

（3）锁紧或更换新品。

（4）更换新品。

（5）用肥皂水检查管路或接头处并锁紧。

（6）调整压力设定。

（7）更换新品。

（8）调整压力或更换新品。

（9）降低使用压力。

（10）置垫或固定平稳。

（11）锁紧阀座。

（12）加厚衬垫。

（13）移置通风良好处。

（14）更换新品。

（15）拆下检查或更换新品。

（16）检查配线或更换熔断丝。

（17）待冷却后重新按压温控开关及检查电压是否合乎

标准。

（18）送修。

（19）更换较短的延长线或更换适当线径的电源线。

（20）通知电力公司检修。

（21）桶内压力释放，减轻负载。

70. 罗茨风机运行中容易出现哪些异常现象？故障原因是什么？如何处理？

故障现象：

（1）输出风量不足。

（2）电动机过载。

（3）温度过高（缺油）。

（4）叶轮与叶轮之间发生摩擦、碰撞。

（5）叶轮与机壳径向发生摩擦、碰撞。

（6）叶轮与墙板之间轴向发生摩擦。

（7）振动与噪声超限。

（8）齿轮损坏。

（9）轴承损坏。

故障原因：

（1）叶轮与机体磨损而引起间隙增大；配合间隙有所变动；系统有泄漏；传动皮带打滑，鼓风机转速下降。

（2）进口过滤网堵塞或其他原因造成阻力增高，形成负压而进气不畅。

（3）静动件发生摩擦；齿轮损坏；轴承损坏；系统超载，负荷增大；进口气体温度增高；静动件发生摩擦；齿轮啮合不正常；润滑油不足；油质乳化。

（4）齿面磨损，因而齿隙增大、导致叶轮之间间隙变化；齿轮毂键与叶轮键松动；主从动轴弯曲超限；机体内混入杂质，或由于介质形成结垢；轴承磨损，游隙增大；齿轮毂与齿轮圈定位销超载后发生位移。

（5）滚动轴承磨损，游隙增大；主从动轴弯曲超限；超额定压力运行；间隙超差。

（6）叶轮与墙板端面附黏杂质或介质结垢；滚动轴承磨损、游隙增大；新机定位套没装好，间隙超差。

（7）风机、电动机同轴度超限；转子平衡被破坏；轴承磨损或损坏；齿轮磨损或损坏；地脚螺栓或其他紧固松动。

（8）超负荷运行或承受不了正常的冲击；润滑油量过少或油质不佳；带压直接启动，带压停机。

（9）润滑油、润滑脂质量不佳或供油不足；长期超负荷运行；轴承油封漏油。

处理方法：

（1）更换磨损零件；按要求调整间隙；对系统漏气处进行处理；更换或调整皮带。

（2）检查阀门、管道等；更换进气滤网。

（3）检修或更换磨损部件；向油箱内补充润滑油；对劣质润滑油进行更换。

（4）检修检查并更换磨损部件；校直或换油；清除杂质与结垢。

（5）检查并更换磨损部件。

（6）清除杂质和结垢；更换轴承；维修后再装配。

（7）校正同轴度；更换磨损部件；检查后紧固。

（8）更换磨损部件；换油；安装三通卸压阀。

（9）换油或加油；更换油封与轴承。

71. 格栅机在运行中容易出现哪些异常现象？故障原因是什么？如何处理？

故障现象：

(1) 电动机发热。

(2) 电动机运行而耙齿链不运行。

(3) 格栅机运行有异响。

(4) 格栅机无法正常启动。

故障原因：

(1) 太多纤维状杂物阻塞耙齿链。

(2) 格栅机过载导致安全销切断。

(3) 滚动轴承缺黄油。

(4) 格栅机控制电源箱触点有松动。

(5) 格栅机电动机故障。

处理方法：

(1) 及时清理耙齿。

(2) 更换过载安全销。

(3) 定期对滚动轴承加注黄油。

(4) 通知电检检查处理。

72. 顺流床在再生时会出现哪些异常现象？故障原因是什么？应如何处理？

故障现象：

(1) 再生时交换器打不进再生液。

(2) 再生时往计量箱返水。

(3) 往计量箱放再生液特别慢。

(4) 离子交换树脂交换容量下降。

故障原因：

(1) 床内压力过大；进再生液的管路堵塞；进再生液

阀打不开；再生计量箱出口阀打不开或污堵；水力引射器真空度低。

（2）床内压力大；水力引射器真空度低；运行床再生液阀不严，压力高，水从运行床向再生系统返水。

（3）从储罐到计量箱的管路堵塞；室温低于15℃时，浓碱易结晶凝固。

（4）树脂再生时析出沉淀物；再生时再生剂量不足或浓度低；反洗不彻底，树脂层中的悬浮物没有反洗掉；正洗时间过长消耗了树脂交换容量；床内因偏流产生酸液分配不均，致使酸液将再生好的树脂污染。

处理方法：

（1）检查并开大再生排水阀，降低床内压力，如检查进再生液管路，如阀门是否损坏等，并及时排除；检查进再生液阀情况并打开；打开计量箱出品阀或疏通污堵；检查水力引射器是否正常，水压是否太低，喉管是否堵塞，并排除故障。

（2）调整再生床排水阀，适当降低再生床内压力；检查水力引射器真空低的原因；如水压低，应提高水力引射器入口水压力；如喉管堵塞，应及时清污等；关严运行床再生液阀。

（3）及时消除污物，并采取措施减少再生剂中杂质；提高室温至15℃以上。

（4）化验原水中重金属离子情况，加强预处理工作，对沉淀物可用3%～5% HCl清洗；检查再生剂用量，严格控制再生液浓度；加强反洗工作，调整反洗时间和反洗强度；调整正洗时间，防止过度冲洗；检查偏流产生原因并及时消除。

73. 离心泵启动过程中会出现哪些异常？故障原因是什么？应如何处理？

故障现象：

(1) 无流量或压力显示。

(2) 振动过大或产生异响。

(3) 电流过大。

故障原因：

(1) 泵内有空气或电动机反转；泵出入口门未开；泵前水箱液位低。

(2) 泵内有空气或入口门未开；对轮胶垫或胶圈损坏；电动机与泵轴不同心；地脚螺栓松动；泵转动部分静平衡不好。

(3) 转动部分摩擦或者卡塞；启动时出口门未关；填料压盖过紧。

处理方法：

(1) 启泵前，排尽泵内空气；若电动机反转，联系检修处理。

(2) 停泵，排气后重新启动；检查更换对轮胶垫或胶圈；对电动机和泵对轮进行找正；紧固地脚螺栓；校正泵轴；拆泵重新校正转动部分（叶轮、对轮）的静平衡。

(3) 检查同心度；调整填料压盖；启动前先关闭出口门。

74. 电解槽氢气不合格有什么现象？原因是什么？如何处理？

故障现象：

电解槽氢气不合格。

故障原因：

（1）分析仪漏气分析结果不准确。

（2）电解液不合格，电化学污染。

（3）个别氧气小室出气孔堵塞，使氧侧气体渗到氢侧。

（4）石棉布破损，隔间绝缘遭到破坏。

（5）氧侧气体出口堵塞。

处理方法：

（1）检查分析仪。

（2）更换电解液。

（3）检查出气孔堵塞。

（4）更换石棉布。

75. 制氢设备出力降低有什么现象？原因是什么？如何处理？

故障现象：

出力降低。

故障原因：

（1）电解液的浓度过低。

（2）电解液的温度过低。

（3）液面高度不适宜。

（4）电解槽有杂质。

（5）电解槽循环速度过低。

处理方法：

（1）电解液的浓度不宜过低。

（2）适当提高电解液的温度。

（3）保持一定的液面高度。

（4）冲洗电解槽，清除杂质，保持槽内清洁。

（5）提高电解槽循环速度。

76. 电解槽出口温度超过 85℃有什么现象？原因是什么？如何处理？

故障现象：

电解槽出口温度过高。

故障原因：

（1）电解槽负荷过大。

（2）电解液浓度高、密度大。

（3）未投冷却水或流量不足。

（4）电解槽补水门未开。

（5）碱液循环管堵塞。

处理方法：

（1）调整电解槽负荷。

（2）降低电解液浓度。

（3）保持冷却水通畅。

（4）检查电解槽补水门。

（5）检查碱液循环管。

77. 氢储罐内压力突然下降有什么现象？原因是什么？如何处理？

故障现象：

氢储罐内压力突然下降。

故障原因：

（1）压力表失灵。

（2）氢储罐漏泄。

（3）供氢母管漏泄。

（4）安全阀失灵而排气。

处理方法：

（1）更换压力表。

（2）检查处理泄漏点。

（3）检查供氢母管泄漏点。

（4）更换安全阀。

78. 电解槽总电压剧烈升高有什么现象？原因是什么？如何处理？

故障现象：

电解槽总电压升高。

故障原因：

（1）部分的隔间内液面下降，碱液浓度降低。

（2）部分隔间出气孔或碱液孔堵塞而造成断路。

（3）氢气、氧气间的压力差增大，使极间内高压气体的一侧电解液析出、跑出。

处理方法：

（1）调整碱液浓度。

（2）检查处理堵塞点。

（3）调整氢气、氧气间的压力差。

79. 电解槽起火有什么现象？原因是什么？如何处理？

故障现象：

电解槽着火。

故障原因：

密封不良，电解液泄漏到绝缘零件上。

处理方法：

（1）使用紧急停车按钮迅速切断电源。

（2）用二氧化碳或干粉灭火器灭火。

（3）事后应修补泄漏处并更换损坏的绝缘零件。

80.电解槽爆鸣有什么现象？原因是什么？如何处理？

故障现象：

电解槽内产生爆鸣。

故障原因：

（1）槽内有爆鸣气。

（2）槽内有火源。

处理方法：

（1）保持槽内清洁，避免在送电时产生火花。

（2）加强密封，使停槽后空气不能吸入。

（3）启动前要用氮气吹扫。

81.当氨区管路、法兰等发生轻微漏泄时如何处理？

检查发现管路、法兰有轻微漏泄时，应立即联系检修人员进行处理。如处理漏泄部位需解列系统时，要对系统进行氮气置换并测量氧浓度，氧含量低于 2% 为合格，置换合格后方可开工。

82.当氨区管路、法兰等发生较重漏泄时如何处理？

检查发现漏氨报警仪达低浓度报警（即报警值在 $20 \sim 40mL/m^3$ 以内）时，应立即汇报，穿上防护服、防护靴，戴正压式呼吸器及橡胶手套，手持漏氨检测仪，由两人共同去氨区检查，看是否发生漏泄。如确认发生漏泄，应立即停止设备运行，联系检修人员处理。

83.当氨区管路、法兰等发生严重漏泄时如何处理？

检查发现漏氨报警仪达高浓度报警（报警值 $60mL/m^3$ 以上）时，人员向上风向快速撤离，立即汇报当值值长、化学专业专工，停止系统运行，开启消防喷淋水，对报警区进行喷淋。值长汇报应急救援指挥部，启动公司《液氨漏泄现场处置方案》。进入现场抢险的人员必须佩戴防护手套、正压式呼吸器、穿防护服、防护靴，缺少任何防护用品均不得入内。

84. 喷淋系统无工业水供应的原因是什么？如何处理？

故障原因：

（1）工业水压力不足。

（2）工业水门未开启。

处理方法：

（1）启动生活水供应。

（2）全开工业水门。

85. 氨气爆炸的原因是什么？如何处理？

故障原因：

（1）工作人员身体带静电，产生静电火花，造成爆炸。

（2）系统阀门泄漏，造成爆炸。

处理方法：

（1）触摸静电释放器，消除静电。

（2）值班员及时检查阀门性能，发现泄漏联系检修处理。

86. 调节阀失灵的原因是什么？如何处理？

故障原因：

（1）远程操控程序故障。

（2）调节阀卡死。

处理方法：

（1）开启手动旁路门，关闭调节阀前后手动门。

（2）热工程控处理远程操控程序。

（3）联系检修就地处理调节阀卡死。

87. 液氨储罐压力高的原因是什么？如何处理？

故障原因：

（1）室外温度＞38℃。

（2）与缓冲罐横压，缓冲罐压力过高。

处理方法：

（1）启动消防喷淋。

（2）关闭储罐氨气出口门。

88. 氨气缓冲罐压力低的原因是什么？如何处理？

故障原因：

（1）液氨储罐压力低。

（2）调节阀失灵。

（3）供应泵出口压力低。

（4）热媒温度低。

处理方法：

（1）倒罐。

（2）开启手动旁路门，关闭调节阀前后手动门，联系检修处理。

（3）手动调整供应泵出口门开度。

（4）远程调整温度设定，蒸汽调节门开度。

89. 氨区紧急排放的氨气如何处置？

氨系统紧急排放的氨气经排放母管排入氨气吸收罐中，经水吸收后成为低浓度氨水排入废水池中，再经由废水泵送至灰渣前池。

90. 氨溅入眼部如何处理？

立刻用充足的清水不断地一边洗眼（用氨站设置的洗眼器），一边让医生诊断。如果要用5%的硼酸水来冲洗，在准备硼酸水的过程时段里也必须用水不断地洗眼。重要的是，力求尽快地将局部的氨完全除去，这对今后的康复有很大的影响。

参考文献

[1] 施燮钧，王蒙聚，肖作善. 热力发电厂水处理. 北京：中国电力出版社，1996.

[2] 金熙，项成林，齐冬子. 工业水处理技术问答. 北京：化学工业出版社，2005.

[3] 李培元. 火力发电厂水处理及水质控制. 北京：中国电力出版社，2002.

[4] 徐玉华. 电厂水处理值班员. 北京：中国电力出版社，2008.